おもしろサイエンス

元素と金属の科学

坂本　卓［著］

B&Tブックス
日刊工業新聞社

はじめに

金属は人類の興亡と同調しています。最初に石器文明を活用した部族が興隆したあとに青銅文化を彩った民族が勃興しますが、その後は鉄器を自在に製造し活用した人類が他を制覇します。すなわち覇権を取るためには最も強力な金属の製造が必須であり、金属を武器として最大に活用してきた歴史があります。

その場合、金属の製造の可否は高温をいかに得るかであり、製造はその温度に左右されました。青銅は数百℃で溶融しますが、鉄の中で鋳鉄は１２００℃、鋼になると１６００℃が必要になります。すなわち鉄は製造するときに最も高温が必要であり、同時に燃料が最初は木材の燃焼からスタートしたあと、高温を得るに不可欠な石炭、さらにはコークスの発明が必要で不可欠だったことがわかります。

金属は人類の興隆に対して軍事上必携でしたが、改めていうまでもなく多くの広範な産業を支える礎として人間社会に活躍しています。現状は金属を基礎にして多種多様な新しい材料が生まれ、さまざまな場面に活用されている現況には疑いがありません。

金属材料は構成する組成に多くの種類があります。それは単独の元素でもあり、溶け合った合金でもあり、化合物でもあります。金属材料を理解するためには金属元素を知ることが必須になります。また金属材料の背景の一端を知ることは知識の蓄積に留まらず、選択、適正な使用にも有効です。

地球上のあらゆる物質は約１００種類の元素から成り立っています。たとえば人体は重量比で表すと多い順に、酸素（Ｏ）65％（以下％略）、炭素（Ｃ）18・5、水素（Ｈ）９・５、窒素（Ｎ）３・０、カルシウム（Ca）１・５の計97・５％で大部分を占め、残りは生存するために多くの微量の元素を有すると、ピッツバーグ大名誉化学教授のロバート・ウォルク博士が述べています。

本書で紹介する元素は、主に金属材料に密接に関わっている種類です。本書は金属（非金属も含む）を元素から掘り起こしてそれらの特性を知り、金属材料の現状を見たあと、社会に応用している合金や化合物の利用、さらに金属材料を使った手造りの数々を紹介して読者の皆様の興味を満たすように配慮しました。

本書は金属材料を理解するために、観点を変えて質的な特性を紹介しており、工業系の実用教本にも利用できます。読者の皆様には一般の知識に留まらず有意義になることを希望します。

坂本　卓

２０１４年２月

おもしろサイエンス
元素と金属の科学

目次

第2章 金属元素の性質

第3章 ベースメタルと元素

第4章 貴金属と元素

第5章 希少金属と元素

第6章 金属に欠かせない合金元素

第7章 金属に応用される非金属元素

Column

第1章
物質を構成する元素とは

1 元素とは何か

私達の周囲には無尽蔵と言えるほど多くの物が溢れています。この物は自然科学的な観点から定義すると物質になります。物質は人間が生活する上で密接に関わる空気、水や食物など直接的に必須の物から、地球上で人間と一緒に生きてきた植物や動物、さらには文化や工業の発展に寄与してきた材料（金属や非金属も含む）があります。

この物質を構成する最小単位が元素です。ここで元素を粒と定義します。粒とは自然科学の定義では粒子と称します。粒子は種々の方法で分けた時に、最終的に残った分けられない固有の性質を持つ抽象的な要素あるいは成分などの概念物質といえます。

一方、原子という存在をご承知でしょう。この場合の原子は元素という定義から離れて物質を粒子とした時の定義です。物質を構成する具象的な要素といえるでしょう。原子は中心に大きさが10^{-14}（14乗のこと）～10^{-15}と言われるプラス電荷の原子核を含む陽子を持ち、原子核の周囲をマイナス電荷を持つ電子が回っています。その質量は9.109×10^{-28}gと極めて軽いものです。また原子内には電荷がない中性子があり、その質量は1.675×10^{-24}gです。

なお原子は陽子と中性子と電子で成り立っています。しかし、水素（H）は本来、中性子を持ちません。またこれに中性子を複数個持つHがありますが、中性子を1個持つHを重水素、2個の場合を3重水素と称し、自然界には極めてわずかしか存在しません。

他に中性子の数が基本的に1個ではない原子の種類が存在します。これが同位体であり質量に差異があります。同位体の原子類はこのように質量が異なりますが、陽子と電子の数は同じであり、化学的な性質はほとんど変わりません。一例をあげると、ウラン（U）は同位体を持ち、核分裂の発生に差異があり、分裂する同素体を核燃料に使用しています。

元素は原子が持つ陽子の数で、その特徴や性質を示す化学的な定義です。今までの研究で宇宙に最初に生まれた元素はHであると言われています。元素は地球上および宇宙空間を含めて現在まで百数十種類が発見されています。すべての元素は自然界に存在してきたわけではなくて、中には人工的な生成物もあります。

ここで質量について述べます。原子の質量は相対質量と言い、炭素^{12}Cの質量を12とした時の相対値を示しています。また元素の原子量は同位体を含みますから、それらを平均した値を質量と定義しています。

世の中の
すべての物は
元素から
できている

原子の概念

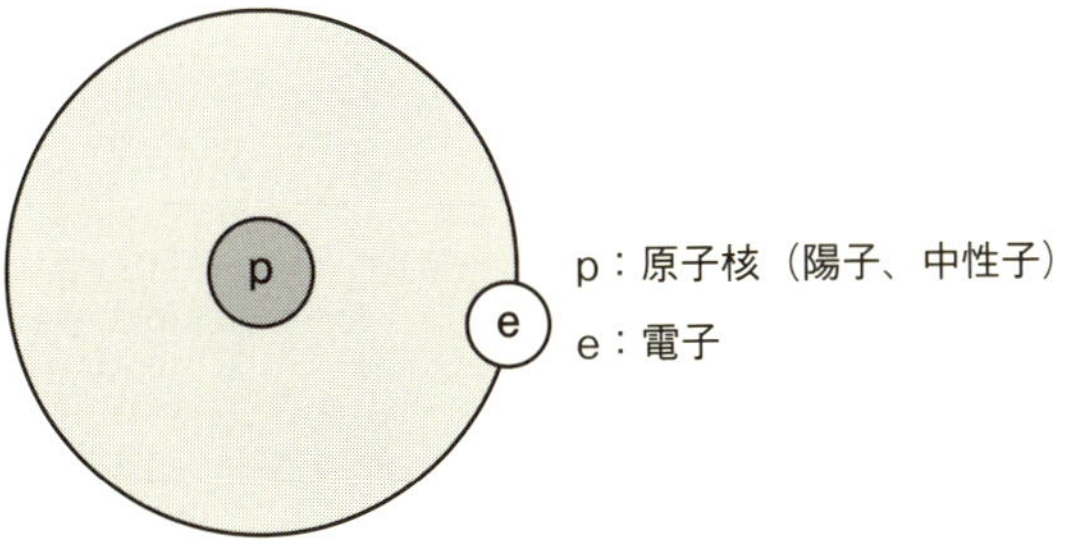
p
e
p：原子核（陽子、中性子）
e：電子

原子の相対質量

元　素	記　号	相対質量(g)
水　素	H	1.00783
ヘリウム	He	4.00260
炭　素	C	12.00000
酸　素	O	15.99491
窒　素	N	14.00307

各元素は ^{12}C の質量を基準にした相対的な質量を表す

元素の原子量

元　素	同位体	相対質量	原子量
水　素	^{1}H	1.00783	1.00794
	^{2}H	2.01410	
酸　素	^{16}O	15.99491	15.9994
	^{17}O	16.99913	
	^{18}O	17.99916	
炭　素	^{12}C	12.00000	12.0107
	^{13}C	13.00335	

各元素は同位体の相対質量とその存在量（比率）により計算され、これを原子量としている

コーヒーブレイク

ガイウス・プリニウスは厚巻の博物誌を表しました。このなかでダイヤモンドや鉄に言及し、採取あるいは製錬の現状を記述しています。その時代は物の生産が学問より優先して進みますが、哲学者プラトンは自然科学的な論文を発表し、その後に出たアリストテレスは論理的な思考を積み重ねて物質や自然現象を分類し中世以降のスコラ哲学の形而上の基礎を確立しました。このあと15～16世紀は観念的な固陋《ころう》に陥ったローマ教会はガリレオ・ガリレイ事件で大失策を生じ、科学的な支配が過ちを犯します。

ドイツの哲学者ゲオルギウス・アグリコラは16世紀に鉱業や製錬に関する実証的な技術書を体系化しました。彼は医学を専門としましたが後に地質学、鉱山学、採掘・選鉱学、製錬学などを修め博学より技術的な学問の地位を確立しています。とくに金属の製造について、銅、銀、スズは彼の技術的な手法により飛躍的に製造が進展しました。鉄はこの頃まで木炭燃焼による鉄鉱石の還元法でありました。また彼の学問は後のニュートンに大きい影響を及ぼし、運動力学の発展の基礎になっています。

アグリコラによって
技術的な学問が
進展したんじゃ

２　宇宙で最初に誕生した元素

宇宙ができた遠い昔には水素（H）、ヘリウム（He）、Li（リチウム）が存在したとされています。宇宙空間でその存在が多い元素はHで９割近くを占め、次がHeです。これらが集合して星を形成し、さらに内部で種々の元素が発生したと言われています。その形成の手段は何千万℃という内部の超高温が条件になり、おそらく核融合によって各種の元素が合成したということでしょう。

自然界に最初に出現した元素はHです。これが元素として発見されたのは１７６６年とされています。１６００年代、すでにロバート・ボイル（アイルランド）によって、鉄粉を塩酸に溶かした時に可燃性のガスが発生し、その発熱を認めていましたが、それが何であるかは未知でした。

水素としての発見者はヘンリー・キャベンディッシュ（イギリス）で、同様な試験で鉄屑に希硫酸を入れた時に発生するガスを考察し、これを水素としました。同時に水が生成するという現象を確認しています。この水素の発見は古代哲学の説を覆し、水が原子から成り立つことを証明したことになります。水素は水素の他に重水素（２重水素）、３重水素、…７重水素まで７種類の同位体を持っています。これらを仕分けする場合は水素を軽水素と称しています。

同様に宇宙の創世時に出現したHeですが、人類によって発見された時期は水素より遅く１８６８年です。ピェール・ジャンセン（フランス）がグントゥール（インド）で、皆既日食を観察していた時に太陽光の彩層部分を発光分析してその存在を突き止めました。

１８９５年にイギリスのウィリアム・ラムゼーが単

独にHeとして分離しています。Heは宇宙空間で2番目に多く、地球上では0・0005％存在します。この元素は軽いため、気球や飛行船に封入して飛行する用途に応用しています。

リチウム（Li）は1817年ヨアン・オーガスト・アルフェドソン（スウェーデン）がスウェーデンに埋蔵するリチア輝石とペタル石の分析中に発見しました。リチウムはギリシャ語で石を意味します。リチウムは宇宙空間には微量にしか存在しません。それは核融合が起こりにくいため創造が困難とされているからです。リチウムは原子番号が3であり、アルカリ金属元素の1つであり、最軽量の銀白色の美しい金属元素です。

リチウムは軽量合金を作り航空機体に使用しています。近年、この元素はイオン化傾向が大きく軽さを活かしてリチウムイオン電池の材料として使用され、高い性能を発揮しパソコンやカメラ、各種のデジタル機器に使用されています。

宇宙創造時の元素占有率

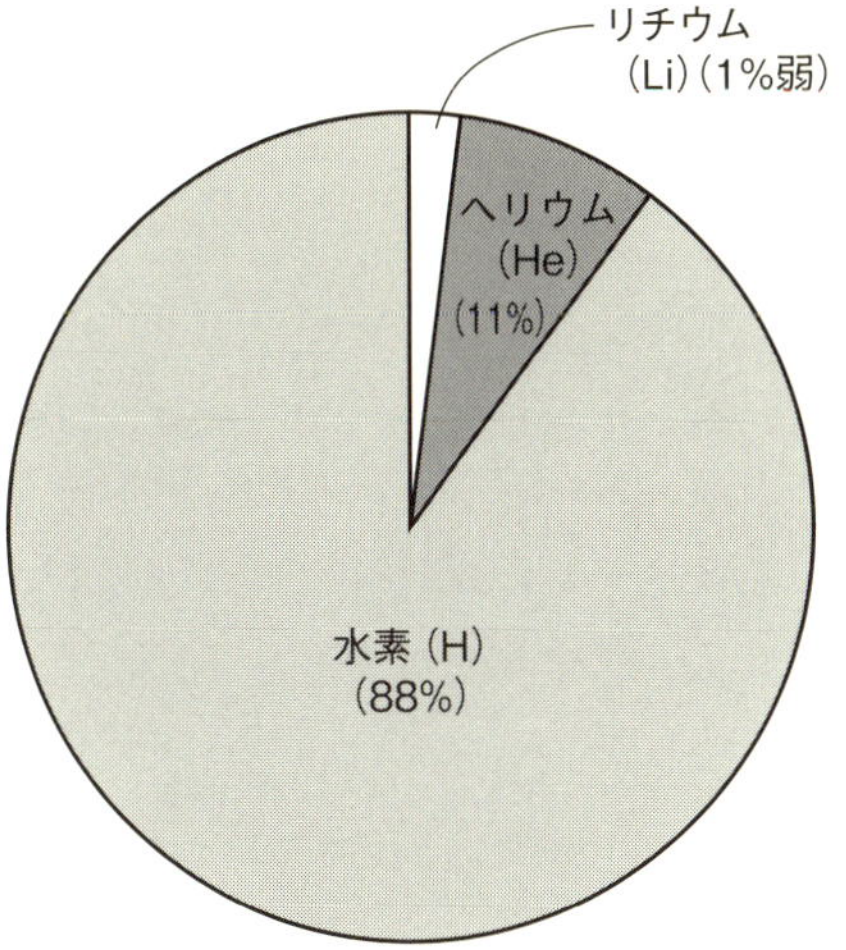

元素の誕生の仮説

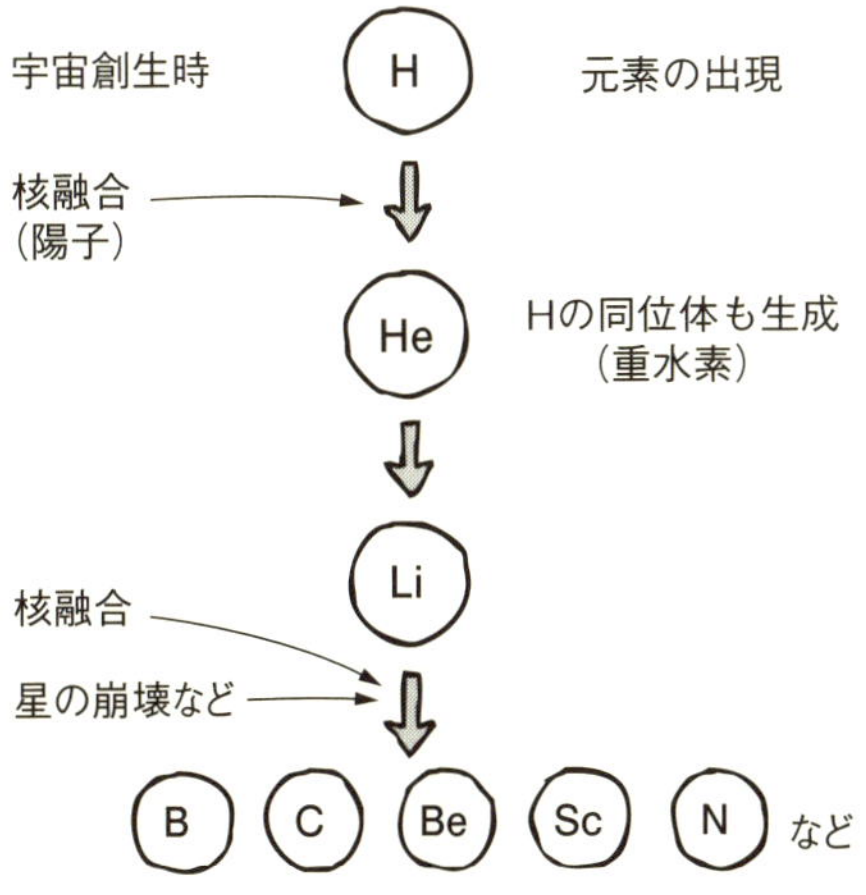

３　物質の根底を占める基本の重要元素
——炭素、窒素、酸素、ボロン——

元素の中でより重要な種類を紹介します。

炭素（Ｃ）はいつの時代に発見されたか不明です。これは炭素が樹木を燃焼したあとに残る炭などから、すでに自然に存在したためでしょう。炭素の名前はラテン語の木炭を示す「カルボ」からきており、カーボンは木炭の素を意味します。炭素は自然界には木炭、煤、黒鉛（グラファイト）、ダイヤモンドがあります。また炭素は地球内に埋蔵する石炭や石油の主成分でもあります。炭素は生命の源と言えます。それは人類にとどまらず動植物すべての生命体を構成する基礎の元素であるからです。

　炭素の原子価は４です。原子価とは簡単に言うと原子が他の元素何個と結合して化合物を形成するかを示します。炭素は４個の結合の手を持っていますから、他の原子と結合して無限と言えるほど多くの物質を形成することができます。とくに炭素が他の原子と結合して生成した多種多様な有機化合物質はその枠を示します。また炭素は水素との結合により代表的なメタン（CH_4）、エチレン（C_2H_4）、アセチレン（C_2H_2）などのガスを生成します。

　また、炭素は同位体を有します。２個以上の原子同士が互いに貸し借りして、共有によって炭素が結合した物質がダイヤモンドであり、黒鉛です。ダイヤモンドが炭素の同位体と判明した当時から、炭素を使ってダイヤモンドを生成する試験が科学者間で繰り返されていました。高温高圧合成法（ＨＰＨＴ）や化学気相蒸着法（ＣＶＤ）でもなかなか成功しませんでした。しかし、１９５３年にソビエト連邦で、人工ダイヤモンドを生成することに成功しています。その基本的な条件は温度が３０００℃、圧力９万気圧下で炭素の結合が生じています。

窒素（Ｎ）は１７７２年にダニエル・ラザフォード（イギリス）により単離を可能にしました。その試験の際に、窒素を密閉して封入した雰囲気中で生物が死ぬことから有毒な空気と称し、ドイツおよび日本でも「窒息して死に至る物質」の意味の語彙にしました。窒素は、地球上の大気の78%を占めています。窒素は生体に必須の成分であり、タンパク質や核酸をはじめ多くのアミノ酸を構成します。

重要な元素である窒素は大気から簡単に取り入れることはできません。その理由は窒素が２分子の強い結合力を持つためです。窒素は植物にとっても必須の肥料成分で、マメ科の植物が作用するバクテリアによる窒素固定で取り入れることができます。窒素の生成は１９１２年、後にノーベル賞を受賞したフリッツ・ハーバーとカール・ボッシュの両ドイツ人によって成功しました。これは鉄を触媒として高温かつ高気圧下に水素と窒素を流して超臨界状態にすると窒素が生成するという方法でした。

酸素（Ｏ）は、１７７８年にジョセフ・プリーストリー（イギリス）によって発見されました。哲学者アリストテレスは万物が水、土、風および火であるとし、これを４つの元素と説きました。後年、水は水素と酸素から合成したことから元素ではないことがわかり、土なども同様に解明される歴史があります。

水素の発見者であるキャベンディッシュは燃焼の現象をフロギストンが抜ける変化であるという説を信じていました。フロギストン説は１７２３年にゲオルク・シュタール（ドイツ）が提唱した論です。彼は水素がフロギストンと水の化合物とし、フロギストンが抜ける時に燃焼が生じて水が残るという説で、水素を可燃空気としました。そのあと大気から酸素を除く実験をしますが、残存する気体が何かということが未知でした。シュタールとプルーストリーは共同研究をしています。

プルーストリーは気体の実験を繰り返して、それが純粋な気体であることを発見したという経緯があります。彼が行った実験は太陽光線をレンズで集光し、そこで酸化水銀を加熱した時に気体が発生することを突き止めます。さらにその気体中で燃焼試験すると炎が激しく燃え上がることから新気体と判断します。これが酸素の発見です。

当時はこのように水素、窒素、酸素が発見されていますが、これらはフロギストン説に支配されていたため、まだ元素であると確定していませんでした。しかし、ラボアジェは燃焼試験によってその前後の質量の変化を確認し、燃焼すなわち化学変化の前後で質量が変わらないこと（質量保存の法則）を発見し、フロギストンの抜けではない説を確立します。燃焼は物質が空気のある成分と結合することであり、この成分を酸素としました。

ボロン（B）はホウ素とも称します。1808年にシャルルの法則を発見したジョセフ・ルイ・ゲイ＝リュサック（フランス）とルイ・ジャック・テナール（フランス）がホウ酸を還元し、同年にハンフリー・デービー（イギリス）は電気分解して単独分離しました。また彼はアルカリ金属およびアルカリ土類金属の数種を発見しています。近代ではホウ素をガラス繊維に封入し、ガラスを強化しています。これはホウ素を含むと熱膨張率が低下して、割れやひずみが少なくなるからです。

物質を支える基本の重要元素（宇宙創生直後）

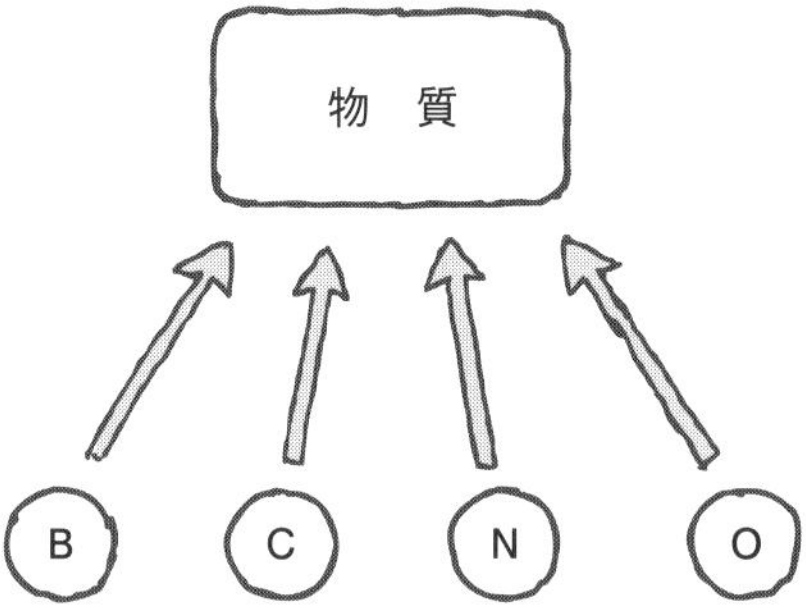

古代から自然に採取した元素

非金属	炭素	C	木材燃焼後の炭などより採取
	硫黄	S	火口より採取
金　属	金	An	自然金
	銀	Ag	自然銀
	銅	Cu	自然銅、鉱石より
	鉄	Fe	砂鉄より
	鉛	Pb	鉱石の焙焼
	スズ	Sn	鉱石を焙焼
	水銀	Hg	自然水銀

コーヒーブレイク

製鉄用燃焼木炭を石炭に切り替える試みは16世紀頃から並行して研究されていますが、17世紀初頭にイギリスのダービー親子は、国内に豊富に埋蔵している石炭を還元してコークスを製造しました。炭に含有する硫黄（S）分が多いという欠点がありましたが、これを高炉に使用する発明に成功しています。しかもワットの発明による蒸気機関を採用し、動力によって鞴を動かして大容量で送風していました。この発明によって1700年代末には鉄（多くはまだ銑鉄の品質）の生産が驚異的に伸びます。

しかし、鉄の品質は多くがまだ炭素含有量が多い銑鉄でしたから、これを低炭素化する研究が進みます。その結果、1700年代末にいたり、イギリスのヘンリー・コートが反射炉で銑鉄を溶融した後に炭素分および不純物成分を燃焼して炭素量が少ない今日の品質に近い鋼を大量に精錬することに成功しました。

時代が下り、鋼の生産技術は進みますが、中でも1856年にヘンリー・ベッセマー（イギリス）が発明した転炉による製錬は画期的な手法です。転炉による製錬の原理は溶融した銑鉄を坩堝型の炉に入れたあとに、ランスというパイプを使って溶湯内に空気を吹き込む方法です。溶湯内に炭素や不純物成分は空気により燃焼して飛散あるいは鉱滓（スラグ）となり浮上しますからこれを除去すると清浄な鋼に生まれ変わります。他に燃料は不要です。

4 自然界には存在しない22個の元素

現在明らかになっている元素は１１８個とされています。自然界に存在する元素が大部分ですが、およそ20個は人工的に生成した放射性元素を示します。

人工放射性元素には、テクネチウム（Tc）、プロメチウム（Pm）、アスタチン（At）、フランシウム（Fr）および超ウラン元素のアメリシウム（Am）、キュリウム（Cm）があります。

テクネシウムは後述する周期表のモリブデン（Mo）とルテニウム（Ru）の間にあると予測され、１９００年を境にして多くの科学者が研究しました。マンガン（Mn）族の遷移元素の１つです。ウラニウム（U）２３８の核分裂によって生成しますが、人工的にはサイクロンを使用して合成しました。

プロメチウムは半減期が長い希土類元素です。ウラニウム２３５の分裂後の残渣をイオン交換法によって人工的に生成しました。

アスタチンはビスマス（Bi）２０９にα粒子を照射して生成しています。

フランシウムは自然界で極めて微量しか存在しない放射性元素の１つです。ウラン鉱石やトリウム（Th）鉱石の自然崩壊によって生じますが、フランシウムはアスタチン、ラジウム（Rm）、ラドン（Rn）と崩壊していく強放射性元素で、人工的には化学的な手法で生成します。

超ウラン元素のアメリシウムは核分裂によって生成し、キュリウムはプルトニウム２３９にα粒子を照射して人工的に生成しています。他にも同じように人工で作り得た元素がありますが、省略します。

このように人工で生成する元素類は多くが放射性を有し、自然界に存在したとしても半減期の長短により消失する場合もあり、核実験や核分裂の過程などによって作りられることもあります。しかし、これらの用途は多くが未知の段階です。

この他に人工的に生成した元素はいずれも放射性元素です。アクチノイドに多く存在する人工放射性元素は、物理的および化学的に極めて類似しています。

人工元素

原子番号	原子名	原子記号
43	テクネチウム	Tc
61	プロメチウム	Pm
93	ネプツニウム	Np
94	プルトニウム	Pu
95	アメリシウム	Am
96	キュリウム	Cm
97	バークリウム	Bk
98	カリホルニウム	Cf
99	アインスタイニウム	Es
100	フェルミウム	Fm
101	メンデレビウム	Md
102	ノーベリウム	No
103	ローレンシウム	Lr
104	ラザホージウム	Rf
105	ドブニウム	Db
106	シーボーギウム	Sg
107	ボーリウム	Bh
108	ハッシウム	Hs
109	マイトネリウム	Mt
110	ダーレスタチウム	Ds
111	レントゲニウム	Rg
112	コペルニシウム	Cn

5 元素の周期律

ドミトリ・メンデレーエフ（ロシア）は当時明らかになった元素を原子量を基準に並べた時に、元素の性質がある規則を伴って変化し、同時に性質が類似した元素がある周期を持って現れることを発見しました。これが元素の周期律性であり、彼はこれを配列した元素の周期表を作成しています。類似する性質は比重、色調、融点、化合性など物理的、化学的など多様な性質を基準に仕分けしています。

周期表は縦の列を族とし、横の列を周期的に表しました。よって同族は非常に類似した性質を持つ元素の集まりになります。周期表は後年に至り族の分類を変えた型式「短周期型」も発表されていますが、現在は一般に「長周期型」という18族の表を使っています。

メンデレーエフが周期表を作成した１８７１年当時、掲載した元素数は63種でした。配列すると表に空欄ができてしまいます。彼は元素の性質を族と周期性から予測しましたが、後年これらの元素が発見され見事に予測が成立しています。たとえば、当時はカルシウム（Ca）とチタン（Ti）間に空欄ができていましたが、そこには後にスカンジウム（Sc）が発見されて空欄を埋められています。同じように、後に発見されてメンデレーエフの周期表の空欄を埋めた元素はガリウム（Ga）、ゲルマニウム（Ge）があります。

後年の研究によれば、メンデレーエフが原子量を基準に配列した方法から追加して、原子構造および原子の核外の電子数で成立することが理論的に確立し、次々に新元素が発見されています。

現在、一般的になっている長周期型を示します。この表を見ると元素の性質が族別に分類され、また原子量の順に配列していることがよくわかります。

元素の周期表（長周期型）

族

周期	1	2	3	4	5	6	7	8	9	10	11	12	13	14	15	16	17	18
1	1 H 水素																	2 He ヘリウム
2	3 Li リチウム	4 Be ベリリウム											5 B ホウ素	6 C 炭素	7 N 窒素	8 O 酸素	9 F フッ素	10 Ne ネオン
3	11 Na ナトリウム	12 Mg マグネシウム											13 Al アルミニウム	14 Si ケイ素	15 P リン	16 S 硫黄	17 Cl 塩素	18 Ar アルゴン
4	19 K カリウム	20 Ca カルシウム	21 Sc スカンジウム	22 Ti チタン	23 V バナジウム	24 Cr クロム	25 Mn マンガン	26 Fe 鉄	27 Co コバルト	28 Ni ニッケル	29 Cu 銅	30 Zn 亜鉛	31 Ga ガリウム	32 Ge ゲルマニウム	33 As ヒ素	34 Se セレン	35 Br 臭素	36 Kr クリプトン
5	37 Rb ルビジウム	38 Sr ストロンチウム	39 Y イットリウム	40 Zr ジルコニウム	41 Nb ニオブ	42 Mo モリブデン	43 Tc テクネチウム	44 Ru ルテニウム	45 Rh ロジウム	46 Pd パラジウム	47 Ag 銀	48 Cd カドミウム	49 In インジウム	50 Sn スズ	51 Sb アンチモン	52 Te テルル	53 I ヨウ素	54 Xe キセノン
6	55 Cs セシウム	56 Ba バリウム	57 La ランタン ↘ 71 Lu ルテチウム	72 Hf ハフニウム	73 Ta タンタル	74 W タングステン	75 Re レニウム	76 Os オスミウム	77 Ir イリジウム	77 Pt 白金	79 Au 金	80 Hg 水銀	81 Tl タリウム	82 Pb 鉛	83 Bi ビスマス	84 Po ポロニウム	85 At アスタチン	86 Rn ラドン
7	87 Fr フランシウム	88 Ra ラジウム	89 Ac アクチニウム ↘ 103 Lr ローレンシウム	104 Rf ラザホージウム	105 Db ドブニウム	106 Sg シーボーギウム	107 Bh ボーリウム	108 Hs ハッシウム	109 Mt マイトネリウム	110 Ds ダームスタチウム	111 Rg レントゲニウム	112 Cn コペルニシウム						

ランタノイド	57 La ランタン	58 Ce セリウム	59 Pr プラセオジム	60 Nd ネオジム	61 Pm プロメチウム	62 Sm サマリウム	63 Eu ユウロピウム	64 Gd ガドリニウム	65 Tb テルビウム	66 Dy ジスプロシウム	67 Ho ホルミウム	68 Er エルビウム	69 Tm ツリウム	70 Yb イッテルビウム	71 Lu ルテチウム
アクチノイド	89 Ac アクチニウム	90 Th トリウム	91 Pa プロトアクチニウム	92 U ウラン	93 Np ネプツニウム	94 Pu プルトニウム	95 Am アメリシウム	96 Cm キュリウム	97 Bk バークリウム	98 Cf カリホルニウム	99 Es アインスタイニウム	100 Fm フェルミウム	101 Md メンデレビウム	102 No ノーベリウム	103 Lr ローレンシウム

6 元素の分類

周期表を分析してみます。まず長周期型を使い、周期的に出現する元素を大分類すると次のような仕分けができています。

●典型元素
●遷移元素

「典型元素」とは、1、2、12〜18族の元素を示し、47種類があります。

「遷移元素」は、典型元素以外の元素を示します。

元素の性質から大分類すると、次のように分けられます。

●金属元素
●非金属元素
●金属元素と非金属元素を折衷した元素（両性元素）
●アルカリ金属元素
●アルカリ土類金属元素
●ハロゲン元素
●希ガス元素

それぞれを簡単に説明します。

「金属元素」は、周期表のほぼ左半分に占める族を占めています。これらの元素の性質は常温で水銀（Hg）を除いた固体を示し、密度が大きく、多くが電気や熱の伝導性や加工性に優れ、固有の色調を帯び、金属光沢を持ちます。周期表の左下部分に行くに従ってこれらの性質が顕著になります。なお密度の4を基準にして小さい側を「軽金属」、大きい側を「重金属」に区分しています。金属元素は多くが単体として工業的に利用されることは少なく、人類の生活に広く浸透し貢献しています。

「非金属元素」は、室温で多くが気体、あるいは固体を示します。非金属元素は単体あるいは分子構造を取ります。分子とは物質の性質を示す最も小さい単位の粒子です。代表的なものにはHe、NeあるいはArは単体で存在しますが、多くが2個以上の原子が結合しています。ちなみに原子の構造を原子の種類と数で表現したものが化学的な分子式です。たとえば2個の原子が結合すればH_2、O_2、N_2、Cl_2があり、いずれも気体です。

「両性金属」は、金属元素と非金属元素の性質を明確に示さない元素があります。両方の性質を示すか、あるいは性質を強く示さない元素です。具体的には12族のZn（亜鉛）、13族のAl（アルミニウム）、Ga（ガリウム）、In（インジウム）や、14族のGe（ゲルマニウム）、Sn（スズ）、Pb（鉛）、15族のSb（アンチモン）があります。

「アルカリ金属元素」は、典型元素の中の1族の元素を示します。具体的にはLi（リチウム）、Na（ナトリウム）、K（カリウム）、Rb（ルビジウム）、Cs（セシウム）、Fr（フランシウム）の6種類があります。これらの元素は電気的に活性を示し、電気と熱の伝導性に極めて優れ、かつ融点が低位です。

「アルカリ土類金属元素」は、典型元素の中の2族に存在するBe（ベリリウム）、Mg（マグネシウム）、Ca（カルシウム）、Sr（ストロンチウム）、Ba（バリウム）、Ra（ラジウム）があります。2価の陽イオンになりやすく小さいイオン化エネルギーを持ちます。密度が低く、大きな反応性があります。

「ハロゲン元素」は、典型元素の中の17族に占める元素であり、F（フッ素）、Cl（塩素）、Br（臭素）、I（ヨウ素）、At（アスタチン）です。電気的には陰性で、すべて1価の陰イオンになりやすく、そのため酸化力が大きく金属イオンと容易に塩を作ります。

「希ガス元素」は、典型元素の中で18族に位置する元素であり、He（ヘリウム）、Ne（ネオン）、Ar（アルゴン）、Kr（クリプトン）、Xe（キセノン）、Rn（ラドン）の6種類があります。これらは不活性、すなわち化学的な反応に乏しい性質があり、それを利用して各種の電球の内部に封入して利用しています。

10	11	12	13	14	15	16	17	18
								2 He ヘリウム
			5 B ホウ素	6 C 炭素	7 N 窒素	8 O 酸素	9 F フッ素	10 Ne ネオン
			13 Al アルミニウム	14 Si ケイ素	15 P リン	16 S 硫黄	17 Cl 塩素	18 Ar アルゴン
28 Ni ニッケル	29 Cu 銅	30 Zn 亜鉛	31 Ga ガリウム	32 Ge ゲルマニウム	33 As ヒ素	34 Se セレン	35 Br 臭素	36 Kr クリプトン
46 Pd パラジウム	47 Ag 銀	48 Cd カドミウム	49 In インジウム	50 Sn スズ	51 Sb アンチモン	52 Te テルル	53 I ヨウ素	54 Xe キセノン
78 Pt 白金	79 Au 金	80 Hg 水銀	81 Tl タリウム	82 Pb 鉛	83 Bi ビスマス	84 Po ポロニウム	85 At アスタチン	86 Rn ラドン
110 Ds ダームスタチウム	111 Rg レントゲニウム	112 Cn コペルニシウム						

アルカリ金属元素　アルカリ土類金属元素
両性元素　金属元素　非金属元素
希ガス元素　ハロゲン元素

64 Gd ガドリニウム	65 Tb テルビウム	66 Dy ジスプロシウム	67 Ho ホルミウム	68 Er エルビウム	69 Tm ツリウム	70 Yb イッテルビウム	71 Lu ルテチウム

96 Cm キュリウム	97 Bk バークリウム	98 Cf カリホルニウム	99 Es アインスタイニウム	100 Fm フェルミウム	101 Md メンデレビウム	102 No ノーベリウム	103 Lr ローレンシウム

元素の周期表（長周期型）

典型元素：1,2,12〜18族の元素のこと
遷移元素：典型元素以外の元素のこと

周期＼族	1	2	3	4	5	6	7	8	9
1	1 H 水素								
2	3 Li リチウム	4 Be ベリリウム							
3	11 Na ナトリウム	12 Mg マグネシウム							
4	19 K カリウム	20 Ca カルシウム	21 Sc スカンジウム	22 Ti チタン	23 V バナジウム	24 Cr クロム	25 Mn マンガン	26 Fe 鉄	27 Co コバルト
5	37 Rb ルビジウム	38 Sr ストロンチウム	39 Y イットリウム	40 Zr ジルコニウム	41 Nb ニオブ	42 Mo モリブデン	43 Tc テクネチウム	44 Ru ルテニウム	45 Rh ロジウム
6	55 Cs セシウム	56 Ba バリウム	57 La ランタン → 71 Lu ルテチウム	72 Hf ハフニウム	73 Ta タンタル	74 W タングステン	75 Re レニウム	76 Os オスミウム	77 Ir イリジウム
7	87 Fr フランシウム	88 Ra ラジウム	89 Ac アクチニウム → 103 Lr ローレンシウム	104 Rf ラザホージウム	105 Db ドブニウム	106 Sg シーボーギウム	107 Bh ボーリウム	108 Hs ハッシウム	109 Mt マイトネリウム

ランタノイド	57 La ランタン	58 Ce セリウム	59 Pr プラセオジム	60 Nd ネオジム	61 Pm プロメチウム	62 Sm サマリウム	63 Eu ユウロピウム
アクチノイド	89 Ac アクチニウム	90 Th トリウム	91 Pa プロトアクチニウム	92 U ウラン	93 Np ネプツニウム	94 Pu プルトニウム	95 Am アメリシウム

Column

ヤスリでナイフを造る

ヤスリは機械部品にとって種々の用法に利用できますが、原則的には鋼を削る代物です。そのため非常に硬くできています。

昔、造ったヤスリ型ナイフは良い切れ味を示し、友達間で垂涎の的でした。しかし、もっと時間を短縮してできないかと考えた挙げ句、使い古しのヤスリを竈に入れて赤く焼きました。いわゆる焼なましです。この方法は街の鍛冶屋がいろいろな物造りを行っていた操作を模倣した方法でした。こうすると軟らかくなるためグラインダーで縦横に余肉を除去することができました。焼けても問題はありません。

最終の形に近くなるときにはグラインダーによる除去は微量にしました。そのあとナイフの形に反りを入れて刃を形成し、片刃を砥石で粗く研ぎました。次は焼入れです。表面部が火で荒れないように、水で薄く溶いた粘土を塗ります。竈の火を盛んにしてそこにヤスリを入れて迅速に加熱します。焼入温度は鍛冶屋の実際を見ていたからわかっていました。実際は800℃を超えていたでしょう。素早く取り出して真っ赤になったヤスリを火箸で摘み、一気に冷たい水槽に入れました。その瞬間、ジュンとした音がしてヤスリはすぐ黒くなりました。

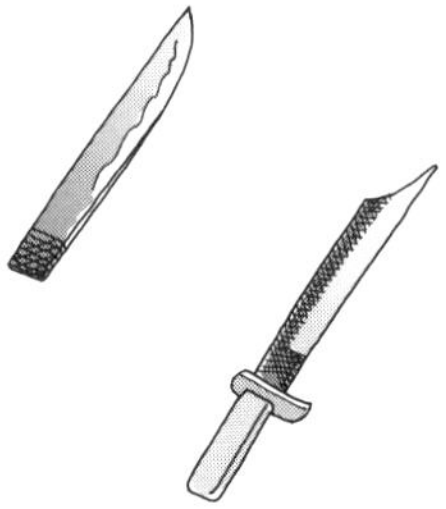

粗砥石、仕上げ砥石で刃を研いでいくに連れて刃が鮮やかに光沢を帯びて銀白色の澄んだ色に仕上がりました。このヤスリ型ナイフ造りは私の18番になりましたし、重みも手伝って大きい枝や太い竹もバサッと抵抗なく切断でき、凄い切れ味でした。

第2章
金属元素の性質

7 金、銀、銅の発見

金（Au）は物質として発見された時期は不明です。それは金が自然に存在して古代から知られていたからです。しかし、金が元素であることがわかった時期は大きく遅れた後年になります。

金は太陽の輝きという語彙の「オウラム」を語源として後にAuと名付けられました。漢字の金という文字は分解すると「光る」という形に由来しています。日本では「こがね」と称しています。金は古代人が求めてやまない貴重な金属であり、腐食しないで永遠なる崇高な物質として、支配者の権威でもありました。さまざまな遺跡から出土する金装飾品はそれを物語っています。コロンブスが航海に乗り出す目的もマルコ・ポーロが東方見聞録の中でジパング（日本）を紹介したのも、金の価値が高かったからです。この頃のヨーロッパは同時に金を製造する研究が盛んに行われますが、金を製造できなかった反面、錬金術の実験が化学や冶金学の発展に貢献することになります。

金がなぜ輝くのかに関しては簡単には説明できません。金の原子核の周りに存在する電子がある軌道上を回る際に、速度が大きくなると質量が増加し、その結果、電子軌道が影響を受けて収縮すると可視光線を吸収して黄色光を発するとされています。

銀（Ag）の発見は金と同様で古代から自然銀が存在していたため、元素としての単独の分離はありません。オリンピックの金、銀、銅の各メダルはいずれも光輝性があります。これらは金の輝きと同じように電子の動きが影響して強く光を反射する性質であるとされています。電子が移動するエネルギー差により反射する色調が変化するようです。銀は青白色の色調であり、金と比較すれば静かな光輝を示します。日本では「しろがね」と呼んでいました。

銀は金と並んで高貴の象徴ですが、人類の活動において広範囲に貢献しています。それは銀が持つ特性が電気や熱の導電性に優れ、金と同様に加工性に秀でているからです。しかし、銀は耐蝕性に劣る欠点があります。表面が酸化しやすいためです。

銅（Cu）もまた金、銀と同じく発見された時期は不詳です。それは銅が同じく自然銅として古代から知られ利用されてきたからです。しかし、多くの銅は赤銅鉱などの鉱石として多くが存在しています。銅は赤銅というように赤色を示します。「あかがね」とも称します。

金、銀、銅はいずれも結晶構造が面心立方格子を示し、常温で容易に加工しやすい特徴を持ちます。

世界の金、銀、銅の産出比（2006〜2012年）

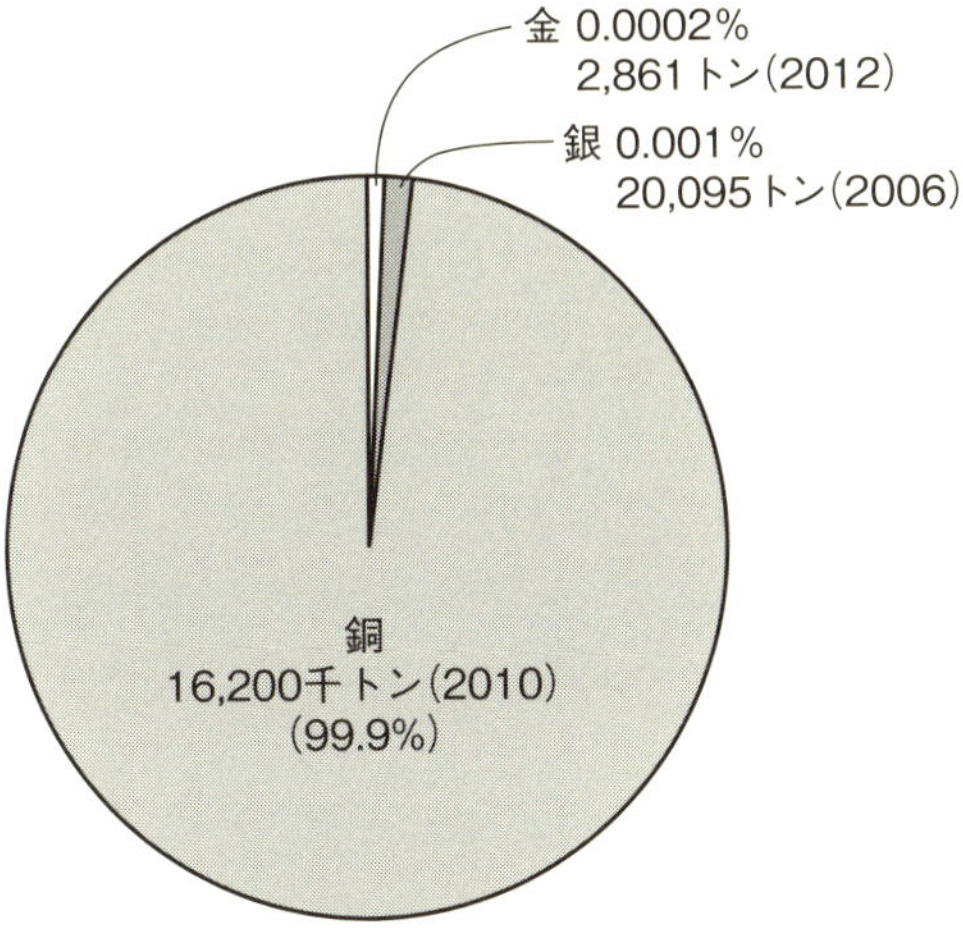

アメリカ地質調査所「ミネラルコモディティサマリーズ」をもとに作成。

金、銀、銅の３大生産国

金	中国	37
	オーストラリア	25
	アメリカ	23

(2012年)　トン

銀	メキシコ	4,150
	中国	3,700
	ペルー	3,412

(2006年)　トン

銅	チリ	5,360
	アメリカ	1,200
	ペルー	1,049

(2010年)　千トン

アメリカ地質調査所「ミネラルコモディティサマリーズ」をもとに作成。

8 古代と中世ヨーロッパの錬金術

金が自然に存在していたにも関わらず、それが元素であることが知られないままに人類は金を求めてさまざまな行動を取りました。

金は古代史のエジプトの遺跡からも発見されているように、細工を施して高度な装飾品を作り上げています。この細工には広範囲かつレベルが高い冶金的な技術が必要でした。金は装飾品として支配者の権力のシンボルを表しただけでなく、取引の重要な物質でした。その後、紀元前10世紀のダビデやソロモンの頃には各地（アラビア、シバなど）に航海して金を入手したと記録にあります。

聖書には農業の他に貴金属の冶金法が記述され、坩《る》堝《つぼ》や炉を使い、金や銀を吹きさらして獲得したとあります。実際の方法は詳細ではありませんが、この頃から精錬作業に従事する職人が存在していました。

紀元前2世紀にはスペインのダグス河、イタリアのポー河、インドのガンジス河の河床から金の小塊が発見され、製錬が灰吹法で行われたと大プリニウスが述べています。アリストテレスの時代には金、銀を採取する基本的な方法のアマルガム法も利用しています。この時代に冶金術が信じられないほど高度化していたことは驚異的です。

時代が下り１４００年後期にコロンブスは4回の航海を行っています。西インド諸島（エスパニョラ島、パナマなど）で金およびその高度な細工品を発見し、インディオ達が金の選鉱から細工までの工程で高度な技術を持つと記しています。パナマなどに住み着いたスペイン人達は、ヨーロッパから持ち込んで物資と金を物々交換し富を得ます。

この頃のヨーロッパの冶金技術の1つは、たとえば金鉱石の選鉱法は比重測定法、溶融した時の酸化度の観察や酸に対する抵抗性を研究した形跡があります。インディオ達の金鉱石の選鉱には針を使って条痕の良否で調べていました。硝酸で金鉱石を溶かして金と銀を仕分けすることも行われています。この目的は金に銀を混ぜた水増し販売を防止するためでもありました。

錬金して金を作り出すことが困難であると認識されながら、一方では金を利用した応用があります。たとえば金を薬として飲用する試みがあります。１７００年後期には錬金術士が金粉を飲み物として製造販売しています。工業では金の溶液をガラスに入れてさまざまな色調を表す仕事も盛んに行われています。

金の錬金を研究した多くの記録が残されていますが、金が元素であると断定されたという記録がないことから、金を単独に製造するという研究は自然消滅したと感じます。

16世紀に一部の探検家がエルドラド（黄金郷）を探し回った時代がありましたが、１８４８年カルフォルニアの金鉱発見はその地に世界中の目を向けさせ、錬金などという研究を一挙に忘れさせたようです。

現在は錬金という研究に近い技術と言えるかもしれませんが、遠い宇宙から金鉱を探索していますし、海中から金を濃縮する技術を開発して実用化しようとしています。さらに日本では太平洋の諸島近傍の深海中の熱水鉱床が高濃度の貴金属を含有することを突き止めて、現在その鉱石を採取するために具体的に展開しています。

錬金術の手法例（仮説）

９　錬金術の過程で発見された元素
——ヒ素、リン、アンチモン——

ヒ素（As）は１２５０年頃に神学者であり錬金術士であったアルベルトゥス・マグヌス（ドイツ）が発見したとされています。すなわち錬金の研究が波及した結果の発見であったのでしょう。ヒ素化合物を植物油中で加熱して単離したとあります。ヒ素は自然あるいは硫砒鉄鉱などに含有していますから、自然に手に入れることができ、人体への毒素が高く歴史的に多くの事件に関わってきています。現在はヒ素が発光ダイオードなどに有用されています。ヒ素は海水中あるいは海藻に濃縮して存在します。

ヒ素は摂取すると急激に胃腸を刺激して嘔吐や下痢症状を示し突然死に到ることがあります。

リン（P）は古くから燃焼する物質として知られています。人魂《ひとだま》の原因物質としても知られています。１６６９年錬金術師のヘニッヒ・ブラント（ドイツ）により、人間の尿から単独に分離されました。彼は面白いことに銀を金に変える原料が尿にあると信じて蒸発試験を行い、その過程でリンを発見しました。錬金術が化学の向上に寄与した実例です。このリンは黄リンですが、リンは他に赤リン（１８４７年発見）と黒リン（１９３４年同じ）があります。リンは農作物の成長に欠かせない３大肥料の１つですが、工業的には顔料やマッチに使用しています。

有機リン酸塩類は害虫駆除剤として利用しています。

アンチモン（Sb）は輝安鉱《きあんこう》などに自然に含有していますから、古代から利用されていました。ヒ素やリンと同族です。元素として明らかになる時期は遅く16世紀の錬金術盛んな頃と言われ発見者は不詳です。錬金術は個人が技術を秘匿するため、どのような過程で発見したか公知ではなく、記録も残っていません。古代に使用した記録はエジプトの出土品の土器がアンチモンを含有していたことから判断できますし、この金属のメッキもされています。アンチモンはヒ素と同じく毒性があるため、日本でも江戸時代に貴重な医療品として使用しています。表に毒性を示す金属類を示しましたが、主に重金属が多くなります。中毒になると皮膚疾患、脱毛症状を起こし、摂取すると内臓類の膨潤やうっ血を示します。

毒性のある主な金属

鉛、クロム、カドミウム、水銀、ヒ素、タンタル、ニッケル、ビスマス、マンガン、ウラン、＊アンチモン、＊リン

主に重金属に多い（＊は軽金属）

毒性により予想される危険性

元素	主な健康障害（毒性）
Pb	消化器の中毒症状、神経麻痺、脳障害
Cr	皮膚炎、呼吸器疾患、発癌
Cd	呼吸器障害、肺疾患、骨粗しょう症
Hg	呼吸器障害、胃腸障害、脳神経障害
As	多臓器不全、脳疾患
Ta	神経障害
Ni	アレルギー疾患、発癌
Bi	神経障害、腎不全
Mn	中枢神経障害（精神障害）、肺炎
U	腎不全、放射能被爆障害
Sb	皮膚障害、内臓うっ血
P	肝・腎障害、呼吸器障害

上記は酸類や塩などの有機・無機化合物および同位体類を含む。

10 古くから発見されていた金属元素
―亜鉛、ニッケル、コバルト、マンガン―

亜鉛（Zn）の名前はペルシャ語のジンクから来ているという説があります。

亜鉛の化合物は代表が黄銅すなわち真鍮です。黄銅は銅が派生した物質として古くから知られていました し、閃亜鉛鉱やウルツ鉱に存在していました。亜鉛はすでに紀元前5世紀に使われた経緯があり、インドをはじめとして各地で製錬が行われています。亜鉛は加熱すると蒸気になりやすい性質があるため、精錬しやすい技術であったようです。亜鉛として単体を分離した時期は遅く13世紀頃とされ、発見者は不詳です。１７４６年にアンドレアス・マルクグラーフ（ドイツ）が酸化亜鉛をコークスで燃焼して単離したとも言われていますが、定かでありません。

その後、18世紀にはすでにイギリスとやや遅れてドイツで亜鉛の製錬が進んでいます。亜鉛の特徴はイオン化しやすい性質があるため、鉄の防食対策として多量に消費しています。

鉄より亜鉛がイオン化しやすいため、トタン板は鉄が発錆する前に亜鉛が酸化することになります。金属の中では金が最も錆を発生しにくいことになります

ニッケル（Ni）は１７５１年にアクセル・クローンステート（スウェーデン）によって紅ヒニッケル鉱から分離しています。ニッケルは地殻にも存在しますが、ある種の隕石に高含有している場合があります。

コバルト（Co）は１７３５年に鉱物学者イェオリ・ブラント（スウェーデン）が近郊の鉱山から得られた鉱石から分離しています。しかし、これがコバルトであると確認された時期は遅れて１７８０年にベルクマン（スウェーデン）によります。ニッケルの精錬時に副産物として取り出します。航空機などの合金として

有用しています。

マンガン（Mn）は１７７４年にスウェーデンでカール・シェーレが軟マンガン鉱から元素を発見し、ヨハン・ガーンが分離しています。マンガンは多数の鉱石に含有しています。

マンガンは発見後１００年経過した時期に、イギリスの海洋調査船によって大西洋のカナリア諸島近郊の海底に多くのマンガンが存在することを発見しています。これはマンガン団鉱と言い、他の海底地域でも同じように資源として確認されています。マンガンは多くの鋼の合金元素に使用しています。

亜鉛は
真鍮として
われわれの
身近に
あるんじゃ

元素のイオン化傾向の順序

K	Ca	Na	Mg	Al	Zn	Fe	Ni	Sn	Pb	(H)	Cu	Hg	Pt	Au

イオン化しやすい ←→ イオン化しにくい

イオン化傾向は水溶液中において金属がイオンになりやすい相対的な序列を示します。この傾向の順位により２つの元素（金属）間で相対的に酸化と還元の反応を示します。

11 その他の金属と非金属の歴史
——鉛、スズ、水銀、硫黄、ケイ素——

鉛（Pb）は古代から知られていた金属であり昔から種々な用途があります。鉛が知られていた理由は鉱石から低温度で取り出せるためと考えられます。すなわち鉛の融点は低く、３２８℃ですから、鉱石（方鉛鉱など）を焙焼（コーヒー豆のように焼くこと）して精錬できます。また鉛は反応性が低位であることも単独に存在できた原因でしょう。鉛の密度は11・４と大きく現在は放射線の遮蔽として重要な材料です。

スズ（Sn）は古代から知られており、発見ではありません。鉛と同族に属し性質が類似しています。中世には長く鉛と混同していました。スズの融点が２３２℃と低く鉛と大きな差異がなかったことや、金属の色調も類似していたためです。スズは日本でも「白鉛」と称していたことからもわかります。

水銀（Hg）は金属の中では常温で唯一の液体です。すなわち融点はマイナス39℃です。水銀は自然水銀として存在していましたから古代から知られ、元素としての単体の分離や発見はありません。水銀と貴金属、中でも金や銀との関係は密接です。アリストテレスの時代にすでにアマルガム法によって水銀が金や銀と合金を造る性質があることを発見し、金銀の製錬に使用していたことは驚くべき事象です。水銀を使った金銀の採取は日本でも佐渡や岩見などの遺跡で知られ、作業者は過酷な環境下に使役されていたようです。その理由は金銀の発掘と製錬のために若くして亡くなった者を祀るための神社もあったようです。奈良の大仏の製作がその都を他に移すほど汚染した形跡があることも、水銀の有毒性が認められます。古代人は水銀を仲介として金銀を得る手法に恩恵を受けながら、一方で死に至る危険性を省みなかったのでしょう。

鉛、スズおよび水銀の世界の３大生産国を上げました。鉛は自動車の蓄電池に不可欠であり需要が大きく伸びています。

硫黄（S）は非金属に分類できます。硫黄もまた自然に存在した物質ですから、発見者はいませんが元素として確認された時期は後年になります。現在も活火山の火口周辺には凝縮した硫黄の塊が見られます。硫黄のSは各種の酸の素になるため、錬金ではとくに有用していたようです。硫黄は日本の重要な輸出品目でした。硫黄を金属材料に使う例は少なく、むしろ不純物として除去します。しかし、タイヤの硬化剤としては有効です。

ケイ素（Si）は非金属に分類します。シリコンとも称し、地球上では酸素についで多い元素です。ケイ素の発見はスウェーデンのイェンス・ベルセリウスが電気化学的な方法で多くの物質の分析を行い、タンタル（Ta）、ジルコニウム（Zr）とともにケイ素を単独に分離しています。ケイ素は珪石や石英に含有しています。ケイ素は半導体には不可欠の元素ですし、現代の工業を支える素材のセラミックスの基礎素材です。

水銀の生産国

（2010年、トン）

国　別	生産量
中国	1,400
キルギスタン	250
チリ	150
世界統計	1,960

スズの生産国

（2005年、千トン）

国　別	生産量
中国	115
インドネシア	60
ペルー	38
世界統計	261

鉛の生産国

（2007年、千トン）

国　別	生産量
中国	1,500
オーストラリア	641
アメリカ	444
世界統計	3,770

アメリカ地質調査所「ミネラルコモディティサマリーズ」をもとに作成。

12 工業的に重要な金属の歴史
——タングステン、モリブデン、ウラン、クロム——

タングステン（W）は金属の中で最も融点が高いため製錬が困難であり、発見の時期は遅いと考えられていましたが、１７８１年にスウェーデンのカール・シェーレが鉄マンガン重石の中から発見しています。彼は他にバリウム（Ba）、塩素（Cl）、モリブデン（Mo）とマンガン（Mn）を発見し、アンモニアを合成した優れた化学者です。

タングステンは、密度が大きく、熱膨張率が極めて小さく、耐酸化性に優れています。人類への貢献はフィラメントとして電球の素線に使用したことでしょう。過去、タングステンは硬い特性を活かして弾頭の先端や防弾壁などの軍事用としても重要でした。当時から現在もなお、切削工具の添加元素として高靭性、耐熱性、耐摩耗性を発揮しています。

モリブデン（Mo）はシェーレが１７７８年に確認しました。彼は種々の鉱石の製錬に優れた技術を持ち、モリブデンの還元にも成功しました。モリブデンはタングステンと同じ族であり、周期表では１周期前の位置に配列します。原子量はタングステンのほぼ半値です。タングステンと同族ですから類似する性質を持ちます。モリブデンはタングステンより機械構造用合金鋼に占める役割が大きく、多くの強靭鋼を形成しています。

ウラン（U）は同位体を持ちます。原子力発電はウラン２３５（^{235}U）が核分裂した時に発生するエネルギーを徐々に制御しながら利用する方法です。一方、原子爆弾は核分裂を一瞬に生じさせる速度に差異があります。ウランは１７８９年にドイツ人のマルティン・クラプロートがピッチブレンドから抽出しています。

彼はこの他にジルコニウム（Zr）、セリウム（Ce）、テ

中世の科学史（主に元素関連）

年代	人名	事象
1250頃	マグヌス	As発見
1669	ブラント	P発見
1735	ブラント	Co発見
1746	マルクグラーフ	Zn発見
1751	クローンステート	Ni発見
1766	キャベンディッシュ	H発見
1774	ガーン	Mn発見
1774	プリーストリー	O発見
1778	シェーレ	Mo発見
1781	〃	W発見
1781	キャベンディッシュ	HとOから水を合成
1783	ラボアジェ	OとHに命名
1787	シャルル	シャルルの法則を発表
1788	ラボアジェ	質量保存の法則を発表
1789	クラプロート	U発見
1797	ボークラン	Cr発見
1868	ピエールジャンセン他	He発見
1869	メンデレーエフ	元素の周期表作成

発見は単離抽出あるいは命名を含む

ルル（Te）、チタン（Ti）も発見しています。

クロム（Cr）はモリブデンと同様に多くの機械構造用合金鋼に使われています。とくにステンレス鋼はすべての種類においてクロムが不可欠であり重要な元素です。この元素は1797年にルイ＝ニコラ・ボークラン（フランス）がクロム酸化物から抽出して分離し発見しました。そのあとボークマンはルビーやエメラルドがクロムを不純物として含有する宝石であることを確認しています。工業的には多大に貢献する金属元素ですが、生体にはヒ素、水銀、カドニウム（Cd）などと並んで毒物になります。

蹄鉄を馬に履かせるとき、戦後まもなくは鍛冶屋が蹄の形状に合わせて調整していましたが、現在は国家資格を取得した装丁師が作業する必要があります。材質は推定すると耐摩耗性と同時に割れが生じないような靭性を有する性質が必要ですから、中炭素鋼でしょう。蹄鉄を蹄に装着する方法は裏側（蹄の底面）から釘を差し入れて上の爪側に通したあと、先端を曲げます。蹄鉄は釘の頭が沈むようにヌスミを取ります。打つ釘数は10数本ばかりで、釘は回転しないように角形の頭付です。爪に釘を打つときは馬の足を上げて曲げさせ、作業者の腿部に載せるか、台に足を固定した姿勢で打ちます。慣れている馬なら作業が捗りますが、馬の気分が悪いときや、嫌いな作業者であれば馬はよく知っていて、足を上げて曲げてくれないばかりか、蹴ったりしますから、危ない場合があります。

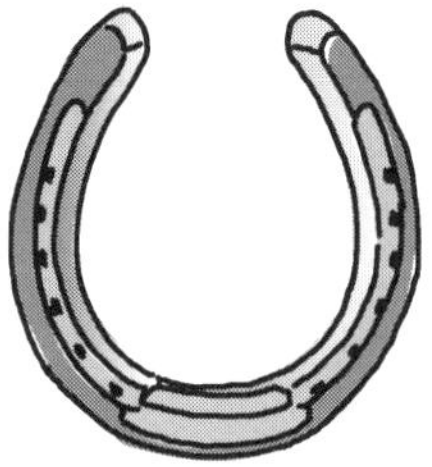

Column

馬と蹄鉄

日本の先史では馬蹄に草鞋や牛革を履かせていました。これらは馬が歩く際の音を消す効果があるため、夜間の侵入ができるなど戦国時代にその特性を活かしていましたが、寿命が短いため予備を携行しなければなりませんでした。

明治以降は日清、日露と軍用馬が大量に必要でしたから、同時に多くの蹄鉄作業に迫られました。装丁技術を吸収するためフランスから軍事顧問として専門家を招聘したこともあります。

現在は蹄鉄の材質を鉄鋼だけでなく、強化プラスチック、Al合金を使用しています。競走馬で優秀な歴史を飾った有名なディープインパクトは馬蹄がとくに傷みやすい馬でしたから、プラスチックを履いていました。

MEMO

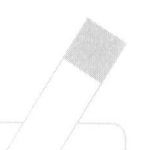

第3章
ベースメタルと元素

13 鉄（Fe）

―鉄は国家なりと言わしめた金属―

鉄（Fe）は金属の王様です。鉄の旧漢字「鐵」を分解すると、金は王哉り、という意味が込められています。古くからFeを製造する民族は世界を制覇するとされ、たとえば製造法を発明したヒッタイト人は鉄器文化を発展させて、青銅文化で栄える民族を征服しました。しかし、採掘した遺跡から紀元前2万年ほど前にすでに製鉄技術の曙光があります。鉄鋼は産業革命以降に急激にその重要性を増し、現代の高度な工業化の礎になりました。

現在でも鉄鋼の生産力と使用度が国の盛衰のバロメーターとして認知できます。日本の鉄鋼生産は概して1億トンであり、ここ数年は停滞しています。この数字は日本の人口数に近い値です。

Feは、地球の地殻に存在する順位でO_2 Si、Alの次に多い資源です。またFeは宇宙にも存在することがわかっていますし、それは地球に落下した隕石に含まれていたからです。

しかし、日本では鉄鉱石の産出がなく、オーストラリア、ブラジル、インド、フィリピンから輸入しています。鉄鋼の世界的生産はオランダのアルセロール・ミッタル、日本の日鉄住金とＪＦＥスチール、日本が技術供与して援助した中国の上海宝山、インドのタタスチール、アメリカのＵＳスチールなどがあります。

製鉄は鉄鉱石の酸化鉄（FeO、Fe_2O_3、Fe_3O_4）を主原料とし、高炉（溶鉱炉）にコークスとともに装入して燃焼し、Cから発生するCOによって鉱石を還元し、銑鉄（Pig Iron、不純物を含む鉄）を製造します。そのあと製鋼では転炉、平炉、電気炉を利用して不純物を除去し、成分調整を行います。なお現在、製鉄と製鋼を組み合わせた新しい直接製鉄法が開発されています。

Feの性質は密度が7・86、融点が1538℃です。結晶構造は常温時に体心立方格子ですが、高温で面心立方格子に変態します。すなわちFeは変態する同素体であり、この性質が熱処理を可能にしています。

鉄鋼は金属材料の中では製造、入手の方法、利用の仕方、原価、機械的性質、加工など、あらゆる項目を考察しても他の金属材利用に勝る価値があり、人類社会の中で最も使用されている材料です。

鉄鋼の用途に関してはあまりにも広範囲で膨大であり、JISにも鉄鋼分野で1冊が規定されています。鉄鋼が最も使用され、多くの規格を設けている理由は抜群な機械的性質、硬さ、磁性、熱伝導度　酸アルカリに対する耐食性、耐摩耗性、耐候性、耐熱性、合金の造りやすさなどあらゆる点から秀でているからです。

Feは大分類すると純鉄、鋼、鋳鉄に仕分けられます。この分類の基礎は、Feに含有するCの含有量によります。

純鉄はCを0・020%未満含有します。製造は電気分解、錬鉄法、カーボニル法、アームコ法によります。純鉄は基地がフェライトで軟らかく常温加工が可能です。容器のライニングやコーヒー缶に使用し、ブータンでは過去に切手に使用した経緯があります。

鋼はCが0・020%を超えて2・06%未満の範囲です。FeはCの含有量により大きい影響を受けますから、この範囲を細分化して軟鋼、硬鋼、極硬鋼などと大まかに分けます。機械部品は鋼を使用し、この中から目的の必要な性質を選択して使用します。また鋼は熱処理して性質を改善することができます。

鋳鉄はCが非常に多く2・06%を超えて含有し、上限は6・67%までです。このときCはFeの基地に溶け込むことができず、Cのまま基地中に遊離しています。このCを黒鉛と称します。鋳鉄の破面は灰色のため、普通鋳鉄をねずみ鋳鉄と別称します。黒鉛の形状は片状のミミズの形ですから、外力に対して切欠になり機械的性質が劣化します。しかし、鋳鉄には鋼に対して特異な性質があり、鋼に代わる用途として多岐に使用しています。

FeはCの影響を最も受けます。たとえばFeに添加するCの量を増すとともに、硬さと引張強さが比例して増加します。反してのびや絞りを示す靱性が劣化します。そのため、鉄鋼の選定に際しては最初にこの性質を十分に吟味しなければなりません。

Feの分類の中で、鋼は多くの機械材料として使用し活躍していますが、JISには実用鋼の代表として一般構造用圧延鋼や機械構造用鋼があります。前者は溶鋼の脱酸をしていないリムド鋼であり、土木建築材、船舶、橋梁など概して荒っぽい部位に使用し、後者は精密機械用品や熱処理を行う場合に選択します。とくに後者はCだけを含有するだけでなく、第1の目的である焼入性を向上するために合金元素、Cr、Ni、Mo(モリブデン)などを別に添加した合金鋼(特殊鋼あるいは強靱鋼)が重要な鉄鋼材料であり、高強度鋼材として使用しています。

Feは同素体を持ち面心立方格子を示す高温で安定なオーステナイトになり、これを焼入れしたときに硬いマルテンサイト組織が出現します。他にも数種の組織がありますが、必要な性質を熱処理により獲得することができます。

Feは人間にとって生体上の必要性があり、必須のミネラル成分です。それは血液中の赤血球に含有するヘモグロビンがFe成分を必要とするからです。血液が赤い理由はこれで、ヘモグロビンはFeを利用してO_2を搬送する機能があります。Feを含有する食品は魚介類に多く、家畜の肝臓や野菜のホウレンソウはFeの高含有品です。南部鉄瓶など鉄製の器を使用して水を湧かすとFeが溶出して、自然にFe成分を摂取することができます。

Fe(鉄)

遷移元素
金属元素
Fe

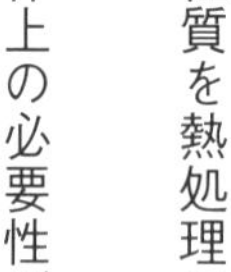

原子番号:26
原子量:55.85
密度:7.86
融点:1538℃
結晶構造:体心立方格子

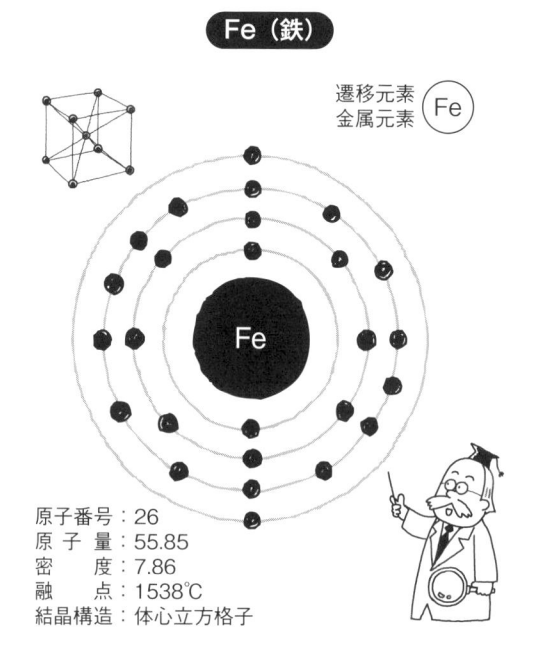

コーヒーブレイク

日本では弥生時代に鉄を使った道具の使用が見られます。当初は渡来人が持来した鉄（素材）を利用して加工しながら道具に仕立てていたようです。たたらによる鉄鉱石の精錬が初めて見られる場所は宮城県の多賀城にある遺跡です。鉄鉱石は現在の製錬に使う鉱石とは異なり、自然に採取した河川の砂鉄、海浜の黒砂であったようです。筒型あるいは長方形の粘土製の炉に砂鉄と木炭を交互に積層して鞴《ふいご》を使って送風し還元した手法でした。木炭燃焼で上がる温度はせいぜい700℃程度ですから、極めて粗悪な鉄ができました。3日間通して燃焼すると溶融した鉄が底に溜まりますから火を止めて炉が冷却するまで待つと、炉体を崩して中の鉄の塊を取り出します。この鉄はケラ（鉄編に母と書きます）と呼ぶ鉄の塊で海綿鉄に近い粗悪品でした。

C量が少ない鉄は上質であり、ケラと分別した玉鋼を採取し、これを何度も鍛錬して不純物（酸化物や非金属物質類など）を絞り出して上質の鋼を作り上げます。この鋼の用途先は刀剣を含む刃物などの武器です。次は馬具、鋤、鍬、鎌などの農機具であり、時代が下ると戦車や軍船などにも応用されました。

古来より
独特の製法で
鉄を作って
たんじゃな

14 銅（Cu）
——最も古くから人類が利用してきた金属——

銅（Cu）は非鉄金属の中で最も重要な金属元素です。電気伝導および熱伝導に優れ、耐食性に秀でています。結晶構造は面心立方格子であるため常温で塑性加工が容易です。Cuの需要は現在では電気工業用の線材、棒材、条や板材、管、箔材に加工し、ケーブル、電力の送電線、配電線などに大半を利用します。

Cuの性質は密度が8・89、融点が1084℃です。導電率は冷間加工に伴って変化し、また亜鉛（Zn）などの含有量に伴って減少します。

化学的な性質はO_2の含有量により左右されて脆性を生じるため、除去が必要です。大気や水に対して良好な耐食性を示して耐光性がありますから、屋根葺きなどに使用しています。表面に緑色の錆（緑青、$CuCO_2 \cdot Cu(OH)_2$）あるいは$CuSO_4 \cdot Cu(OH)_2$を生じますが、この化合物は大気中の亜硫酸ガス（SO_3）と水分による酸化であり、保護被膜の役割を果たし毒性は認められません。

機械的性質は常温における塑性加工時の硬化度が低く、高い変形能力があります。しかし、低いながら加工硬化するため、加工途中に焼なまして結晶を回復して軟化します。高温における性質は加工度に左右されますが、100%加工度を前提にした条件例では100℃、3%の少ない加工度では250℃をそれぞれ超えたときに硬さが急低下します。被削性については基地が粘質性を持つため良好な仕上面が得られません。その対策には加工度を上げて切削すると効果があります。

銅の性質をまとめると次のようになります。

●展延性があるため冷間加工しやすい
●導電率が大きい

●切削性は良好であるが加工度を上げる必要がある
●熱間の鍛造性が良い
●低温で脆化しない
●磁性なし
●弾性域が高い
●耐食性が良好
●光沢がある
●合金を造りやすい
●メッキがしやすい
●金属接合に秀でる

Cuの溶解は融点が低いため困難ではありませんが、脆性対策として坩堝炉の周囲をH_2およびO_2の侵入を防止した雰囲気が必要です。

Cuの鉱石は斑銅鉱（Cu_5FeS_4）、黄銅鉱（$CuFeS_2$）、輝銅鉱（Cu_2S）、硫砒銅鉱（Cu_3AsS_4）、赤銅鉱（Cu_2O）、黒銅鉱（CuO）、孔雀石（($Cu_2(CO_3)$(OH_2)）などと多くあり、これらの鉱石から精錬します。これらの鉱床は地殻プレートの移動を伴うため、地球上では南米・アンデス山脈やアメリカ・ロッキー山脈、インドネシアの島々など限られた場所に偏在します。国内では江戸元禄の頃の日本が世界一の生産国であり、足尾銅山、別子銅山、日立銅山が良好な鉱石を排出していました。

Cuの精錬は鉱石にコークス、石灰石、珪砂（主成分は石英）を添加して自溶炉で溶融して精錬します。石灰石とケイ砂はケイ酸カルシウムを生成して融点を下げる目的があります。

精錬の過程を化学式で簡略に示すと、

$$CuFeS_2+O_2=Cu_2S+Fe_2O_3+SO_2$$

$$Cu_2S+O_2=Cu_2O+SO_2$$

$$Cu_2O \rightarrow Cu+O_2$$

となります。その後、得られた粗銅を陽極に、純銅を陰極にして硫酸銅水溶液中電解精錬してフォーナイン（99・99％以上）まで純度を上げて純銅にします。

Cuの主要生産国はチリが世界の1／3を占め、ペルー、アメリカがこれに続き、この3国で過半を占めています。日本は全量を輸入しています。

Cuは中近東で紀元前9世紀頃の遺跡が発掘されたことから、自然銅の発見あるいは何らかの方法で精錬して製造し利用してきたように、人類が最も古くから関わってきた金属です。その後日本でも各地の遺跡の調査で数々の痕跡が確認されました。Cuをスズ（Sn）と合金化した青銅は紀元前3世紀に存在し、4大文明地域でも数多く発掘されています。紀元前には石器に代わり青銅器が使われ全盛を極めています。青銅器は当初食器や装飾品や占いの用具として用いましたが、最も重要な用途は武器でした。ここから青銅器文化が始まり、現代に到るまで人類はCuから多くの恩恵を受けてきました。

Cuの金属材料への使用はさまざまで多くの合金があります。なお俗称で純銅は赤銅と言い、合金は色調により青銅、黄銅、白銅（キュプロニッケル）と称します。

Cu合金の代表は亜鉛（Zn）を添加した黄銅（真鍮）です。黄銅は鋳造や塑性加工が容易で機械的性質および耐食性が優秀であり、製造が安価、しかも色調が美しいため一般に広く使用しています。工業製品としては水道配管継手、バルブ類、船用プロペラがあります。7・3黄銅（Zn30%添加）と4・6黄銅（同40%）が代表的な合金であり、他にSn、Al、Si、Fe、Mn、Ni、Pbを添加した特殊青銅や高力黄銅を実用化しています。Niを添加した黄銅は洋白（洋銀）と言い、耐食性の他に弾性力に優れるため、ばね材に使用します。

青銅はCuにSnを添加した合金です。青銅は鋳造性が良く、耐食性に勝り、機械的性質が優秀ですが、Snが高価なため製造原価が高くなります。ほとんど工業材料として使用しますが、美術工芸品、装飾品、家具などにも利用しています。青銅の各種性質を向上させるために各種の元素を添加した特殊青銅があります。Pを添加したリン青銅は歯車、ポンプ部品、軸受に応用し、Pb入り青銅（鉛青銅）は優れた潤滑性を利用してすべり軸受、ブッシュやパッキングに広く使います。Ni入りのニッケル青銅は主に鋳物用として軸受、耐圧防止用パッキング材などに利用します。Al入り青銅はAl精錬後に開発した合金で鋳造性と耐海水性に優れる性質を利用して大型船用プロペラに多用します。

CuにMnを添加したマンガン合金は電気抵抗材料に、NiとSiを添加した合金はコルソン合金と言い高力導電材料に、またベリリウム（Be）を添加した合金は強度が優れるため高力合金として強度部材、ばね材、耐摩耗材に使用します。

Cuは貴重な金属元素のため、Alと同様にリサイクルされ利用されています。

Cu化合物に関しては、水溶液は美しい青色を呈する硫酸銅（Cu_2SO_4、$CuSO_4$）で電気メッキ用として使い、硫化銅（Cu_2S、CuS）は電動材料に使用します。

Cuは生体上必須の元素であり、Feと同じく血液のヘモグロビンの形成に作用するとされます。また、Cuは抗菌性を持つ元素であるため、消毒剤や除菌剤として利用されています。面白い効果にCu製の大根摺り下ろし器があります。大根を擦ると同時にCuの抗菌力が発揮される優れものです。

一口メモ

ベースメタル：人類社会の基礎的かつ構造的な発展に最も重要である金属元素を示します。これらの金属は埋蔵量が多く各地に産出し、単離が容易であり、使途に当たっては常用的で広範囲、かつ多岐に応用できる性質を有します。

Cu（銅）

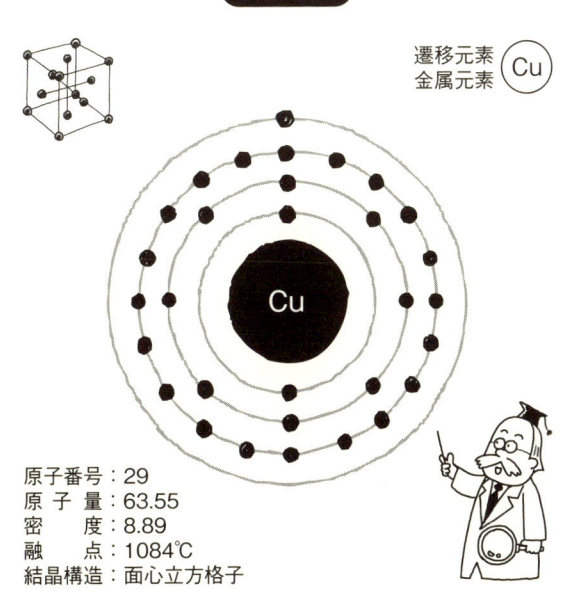

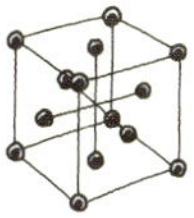

遷移元素
金属元素
Cu

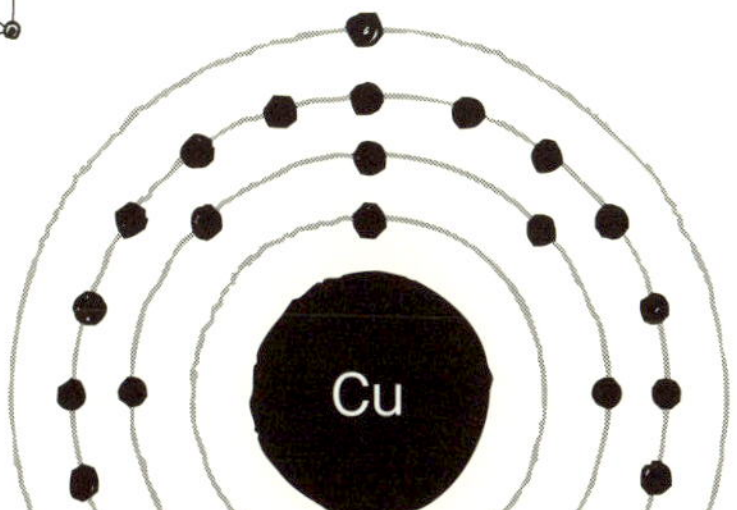

原子番号：29
原　子　量：63.55
密　　度：8.89
融　　点：1084℃
結晶構造：面心立方格子

15 亜鉛（Zn）
―錆から鉄を守り、人体にも有用な金属―

　亜鉛（Zn）は銀白色の金属光沢を持つ金属元素であり、Cuと同じように高湿な空気中で発錆《はっせい》し、表面は炭酸亜鉛となり不動態化して被覆します。空気中で加熱すると酸化亜鉛（ZnO）を生成します。密度は7・14、融点は４２０℃と低く、結晶構造が六方晶です。融点が低いことが鋳造に適しています。結晶構造による影響で常温では脆性を示しますが、１００～１５０℃では展延性に富みます。酸、アルカリに容易に溶解します。

　Znは硫化物の閃亜鉛鉱（ZnS）に含まれており、黄銅鉱や方鉛鉱などが混在するため、一般にCu、Cd、Pb、Agなどの金属とともに採集されます。

　Znの精錬は鉱石を粉砕したあと、浮遊法により選鉱分離して異種金属を除き、精鉱としてZnの純度を60％に上げます。そのあと１０００℃で焼成して焼鉱にし、溶鉱炉にコークスとともに１３００℃で精錬するとZnだけが蒸発し、これを捕集して冷却すると金属Znを得ることができます。この他に焼鉱を酸で溶解して粗亜鉛だけを取り出して電解する湿式法も採用し最近ではこの方法が増えています。

　Znは非鉄金属の中ではAlおよびCuについで多く生産され、製造原価が安いため市況では安定して安価です。Znは溶融亜鉛メッキ用材料として最も多く消費しますが、合金として黄銅や電池材料、電気防食用亜鉛板、ダイカスト用合金の使途があります。

　Znは電気化学的に卑な金属であるため、鉄鋼の防食用として溶融亜鉛の中にドブ漬けして表面を被覆し、鋼板ではトタンとして屋根や壁材に使用します。

　亜鉛合金は当初印刷用材料としてスタートしましたが、その後ダイカストの代用として使用が増加し始めました。しかし、時効による寸法変化や脆化あるいは粒間腐食などの欠陥を生じたため種々の改良を加えてZn-Al合金やZn-Al-Cu合金を開発し、欠陥に対する機械的性質を向上させました。

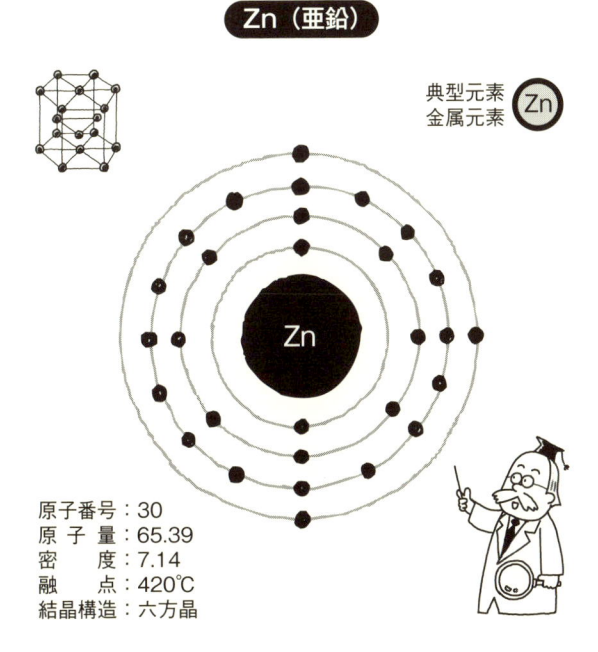

現在は金型に高圧鋳造して鋳巣などがない無欠陥品を量産し、精密部品、自動車部品、車輌部品（列車内の椅子の窓際にダイカスト鋳造した煙草受け）など産業界に広く貢献しています。

Znは銅合金を造りやすく、Cuの項で述べたように黄銅（真鍮）は代表的な合金であり、各国は黄銅を古くから硬貨として流通しました。日本の硬貨には5円玉があります。

Znはマンガン電池やアルカリ電池の負極に使用しています。Znの化合物は塩化亜鉛（$ZnCl_2$）があり、メッキ時の前処理として清浄剤や乾電池の電解液に使用します。稀にハンダ付けの溶融性を増すために助剤として使われています。

Zn化合物の代表は酸化亜鉛（ZnO）です。中学生の頃、水彩絵の具の白は酸化鉛（PbO）とともにZnOを使用していました。すなわちZnOは顔料として白

Zn（亜鉛）

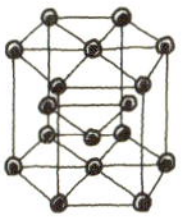

典型元素
金属元素
Zn

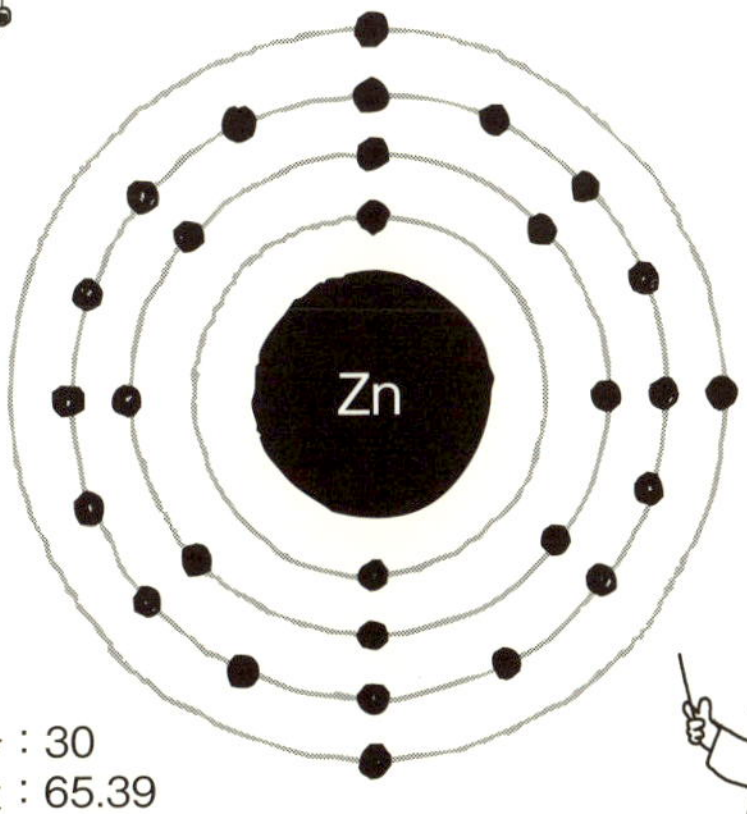

原子番号：30
原 子 量：65.39
密　　度：7.14
融　　点：420℃
結晶構造：六方晶

色を示し、塗料の他に化粧用の白粉に使用していました。ZnO は毒性がないため軟膏や鎮痛剤などの医薬品にも使用します。最近の白粉は ZnO から TiO_4 になっています。ZnO は感光剤としても使用できます。

ステアリン酸亜鉛（$Zn(C_{18}H_{35}O_2)_2$）は金属粉末を金型で圧粉する際の離型剤に使用します。白色の粉末を水に溶き、金型の内部側面に塗布したあとブロアーで乾燥して目的の金属粉末を装入します。潤滑性に優れて成形の助剤になり、焼結に際して蒸発します。

クロム酸亜鉛（H_2CrO_4Zn）は黄色を呈するため、顔料や錆止めに使用します。

他に塩化亜鉛（$ZnCl_2$）があり、メッキ時の前処理として清浄剤や乾電池の電解液に使用します。

Znは生体にとっては貴重な健康上の必須ミネラル成分の1つです。とくに生殖機能に関与する重要な成分です。Zn成分を含む食品は豆類、レバーが高濃度で含有していますし魚介類にも豊富ですが、とくに牡蠣は海のミルクと言われるほど高含有です。

Zn化合物の種類と用途

化合物	用　途
塩化亜鉛（$ZnCl_2$）	清浄剤（メッキの前処理）、乾電池、助剤（ハンダ付け）
酸化亜鉛（ZnO）	白色顔料、白粉（化粧品）、医薬品、感光剤
ステアリン酸亜鉛（$Zn(C_{18}H_{35}O_2)_2$）	離型剤
クロム酸亜鉛（H_2CrO_4Zn）	顔料、錆止め
塩化亜鉛（$ZnCl_2$）	清浄剤（メッキの前処理）、乾電池の電解液

コーヒーブレイク

Snは紀元前3世紀ごろメソポタミアから青銅と一緒に使用した遺跡が出土しています。日本では弥生時代に銅鏡、青銅剣、容器、装飾品とともに錫製品を利用しています。

Snを含有する錫石（SnO_2）の主要産出国はインドネシアと中国です。イギリスのコーンウェール地方はローマ時代から近世まで豊富な生産量を誇っていて有名な鉱山でした。

SnはSnO_2を電気炉でケイ石（SiO_4を含む）と石灰石（$CaCO_3$）を添加して精錬し粗錫を造り、これを電解して高純度品を採取します。

Snは缶詰用の材料としてスズ引き鉄板に最も多く使用します。他にはハンダ合金、銅合金（青銅など）、減摩合金があります。従来はスズ箔の用途がありましたが現在はAl箔に替わりました。しかし、スズチューブは無毒な性質を活かしてパイプオルガンの管などに使用しています。Snは特異な性質として常温で加工したとき、Pbと同じように硬化しません。これは融点が低いため、結晶の回復が低温で急速に再結晶を起こすためです。

Snは両性金属で酸とアルカリに反応しますが、比較的に中性に近い水溶液では耐食性に優れます。

減摩合金は、
すべり軸受用の合金で、
バビットメタルや
ホワイトメタルとも
呼ばれる

16 アルミニウム(Al)
——軽さを活かした金属の王者——

アルミニウム（Al）は地球の地殻を形成する3番目に多い元素です。Alの性質は密度が2・7と軽いため、直径が20㎜で1gの重さの1円硬貨が、小さな表面張力で水に浮かぶのもそのためです。融点は659℃と低く坩堝に入れて外部から加熱すると容易に溶けますから、各種の鋳型に鋳造して工業用のみならず日用品も簡単に製造できます。酸やアルカリに溶けますが、Al表面に酸化アルミニウム（Al_2O_3）の膜を形成するため不動態化して耐腐食性があります。結晶構造は面心立方格子をとるため、結晶面のすべり方向が多くなり、展延性に富む金属として常温でも可塑性があります。

昔の弁当箱は、アルマイト製の蓋付の四角い弁当箱で、Alの薄板で造っていました。蓋は熱いお茶を入れる容器になり平べったいのですぐ冷めて便利でしたが、梅干しの酸で穴が開いてしまう欠点がありました。

Alは融点が低い金属ですが、世の中に登場した時期は遅くなります。融点が低い金属は銅合金の青銅や真鍮（黄銅）などのように容易に製造ができます。人類の興亡の歴史は高度な材料を武器として使う民族が覇権を握ります。石器、青銅時代と続き、そのあとは鉄器を製造した部族が制覇したことで証明できます。しかし、Alは銅より低融点であるにもかかわらず早くからは歴史の中に登場しません。それはAlの製造が木炭や石炭を燃焼して鉱石を還元する精錬方法では不可能だったためです。

Alを含有する鉱石はボーキサイトです。精錬の方法はホール・エルー法といい、ボーキサイトを水酸化ナトリウム（NaOH）で処理してアルミナ（Al_2O_3）を造り、それを氷晶石（ヘキサフルオロアルミン酸ナトリウム、Na_3AlF_6）と一緒に溶解して電気分解して製造します。すなわち電気が必須ですから、電気がなかった時代には製造ができなかったのです。

Alの機械的性質はFeに比べて異なる特徴があり、たとえば応力―歪線図（σ-ε線図）に降伏点が現れません。すなわちAlは降伏現象が見えないのです。そこで、降伏点に代えて0・2%耐力を基準にし、応力を掛けたときに永久歪が0・2%に達したときを降伏を示す点と規定しています。降伏現象が現れない理由はAlが合金として置換型固溶体を示しますが、置換型固溶体を構成する金属元素がAl原子直径とほぼ同じであるからとされています。

なお、置換型固溶体とは、合金を造るときに溶質と溶媒の原子半径がほぼ近傍にあるとき、結晶格子の中で原子同士が入れ替わってできる固溶体のことです。

Alは鉄鋼と比較して引張強さが低いのですが、のびや絞り値が高い金属です。先に述べたように面心立方格子を示すため、常温で容易に加工できます。すなわち冷間加工に優れる金属です。このためAlの用途先は非常に多岐に渡り、産業界、日常生活においても多く使われています。たとえばスチール缶に代わってAl缶はジュースやビールの容器用に薄いAl板を深絞りして使っています。

Alには多種の合金があります。大別すると鋳物用と展伸用です。前者はAl-Cu系合金で、強度を増すために時効硬化現象を利用する機会が多くあります。Al-Si系合金は結晶粒を微細化するためにフッ化ナトリウム（NaF）などのフッ化アルカリ処理を行い増強します。他にはAl-Mg系合金、Al-Cu-Mg-Ni系合金があります。それぞれ機械的性質の向上、耐食性の付与、高温強さの増加を期待します。多量生産品用にダイカスト合金があります。Cu、Si、Feを添加して流動性改善、基地の強化、引け巣防止、金型の焼付改善、鋳造時の凝固温度範囲を制御するなど目的により添加元素および量を選定しています。

後者の展伸用Al合金は加工性が必須であることが基礎になりますが、併せて耐食用としてAl-Mn系合金、Al-Mn-Mg系合金、Al-Mg系合金、Al-Mg-Si系合金があり、加工性や熱処理を選定します。次は高力Al合金です。代表は前述したジュラルミンのAl-Cu-Mg系合金です。

Si、Mnを添加して自在に時効硬化を制御し機械的性質を改善しています。この中では耐熱用Al合金が内燃機関の部品に必要であり、高温特性、低熱膨張率が求められます。

AlはNと化合して非常に硬い窒化化合物AlNを形成します。鉄鋼のガス窒化は鉄鋼表面にAlN化合物を生成して硬化する方法です。対象物を窒化炉に装入したあと約500℃に維持した炉内にアンモニアガス（NH_3）を流入すると、50～100時間で0・2㎜厚さほどの硬化層ができ表面は美しい銀白色を呈します。この硬化層は鉄鋼を焼入れして硬化する一般の方法ではないので、化合物が分解する500℃直下の高温までも軟化することがない耐熱性を持っています。そのため、エンジンなど高温雰囲気で過酷な用途に適応できます。JISにはSACM材としてガス窒化用の鉄鋼を規定しています。

Alは酸素（O_2）と化合しやすい物質です。この場合、化合とは可燃を意味します。そのためAl粉末は非常に燃えやすく爆発性があり同時に高温を発生しますので、一般の取り扱いには注意が必要です。この特性を活かしてロケットの推進用燃料にも使用した経緯があります。またテルミット法として鉄鋼の溶接材としても使用できます。さらに断熱や熱反射用に銀色の塗料を塗布した建築物や煙突、遮蔽板などを見かけます。これはAl粉末を溶剤に混合して吹き付けたものです。

Alを日常的に使用していると、Alが脳内に侵入してアルツハイマー病を引き起こす原因物質の1つに疑われたことがありましたが、現在はその原因は抹消されています。テレビドラマでは指紋の現出に際して白い粉末を散布する光景があります。この粉末はAlで、指紋の鑑識用です。

Alの価値を高付加する品に宝石があります。サファイアは酸化アルミニウム（Al_2O_3）が主成分であり酸化チタン（TiO_3）と酸化鉄（Fe_2O_3）を不純物として含むと青色を呈しますが、酸化クロム（Cr_2O_3）が不純物として含有すると濃い赤色に変色します。これはルビーです。さらにエメラルドはAl_2O_3の他にベリリウム（Be）と酸化ケイ素との化合物であり、不純物に酸化クロムを含有した時に美しい緑色を呈します。これは昔、翠玉として珍重されました。

Alの生産は1900年初頭から始まり、ベースメタルの中ではこの百年の間に世界的に急激に伸長し、2012年で4600万トンに達する特異な傾向があります。当初は稀少な特性を活かして軍需用、特に航空機に重要な材料でした。一方で、民生用としても広範囲に社会的なインフラ用材料として成長しました。

生産国は中国が2000万トンを超えロシアの400万トン、カナダの280万トンを凌駕しています（World Metal Statistics より）。さらにAlの加工を含む消費は全世界で4500万トン強であり、同じく中国が1位で2000万トン強ですが、日本は第4位でアメリカ、ドイツについで200万トンです。

一口メモ

面心立方格子：元素の結晶構造中の原子配列の1つ。結晶の単位胞を限定してサイコロ状にしたとき、原子が8隅、6面に位置する構造を示す。原子は隣接する点が多いため、荷重が掛かったときに先の原子を押して移動する機会が多くなるため、面心立方格子を示す金属は展延性に富む性質を持つ。

Al（アルミニウム）

典型元素
金属元素
Al

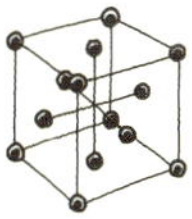

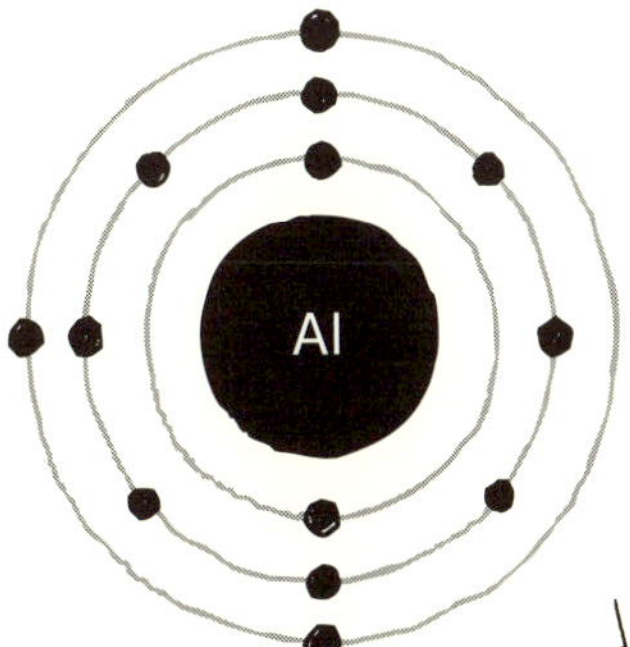

原子番号：13
原 子 量：26.98
密　　度：2.7
融　　点：659℃
結晶構造：面心立方格子

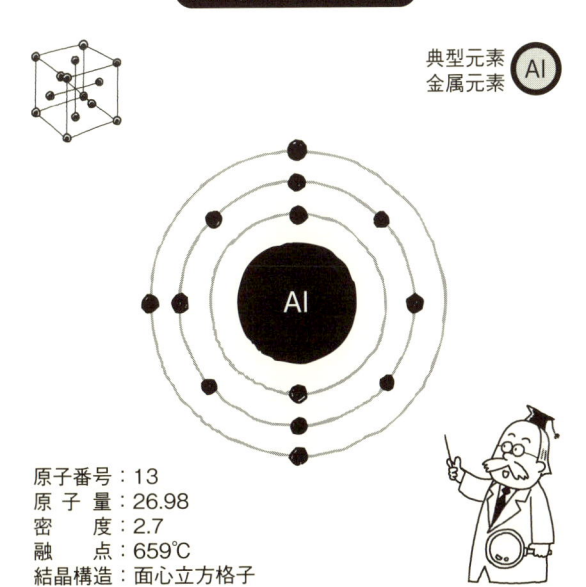

日本のビアホールやレストランは小径のグラスを使用する店が多く、ビールの温度がすぐ変化します。ドイツで使用するグラスやジョッキは飲む間に温度が変化しないように配慮しています。淡い灰色のその容器は1リットル入りで側面にHB（ドイツの有名ビールメーカーホフブロイのマーク）と青い文字を焼入れ、片側に大きい取手があります。ジョッキの空の重さが1kgですからビールを注ぐと2kgになります。ドイツのミュンヘンで飲んだビールは、甘みとコクが奥深く、何時までも喉に余韻が残る名品でした。

Column

ビールのカップ

ビールは冷えた温度で飲むと喉の渇きが癒されて味も最高です。そのためには注いだあとも温度が高くならないことです。カップに使う素材は注いだあと温度の変化が少なく断熱効果があることが要求されます。取手は手からの伝熱を遮断します。よい容器の素材はどれがよいでしょうか。

注いだあとも冷却効果が維持できればなお結構です。そこでCu粉末を使ってカップを造りました。最初は中実の円筒形に圧粉して焼結し、中を機械加工してカップの形状を整えました。次の試験では結合剤を選んでCu粉末と混合し、外型と内型で円錐型になるように一気に圧粉して焼結し薄厚のカップを試作しました。このカップにビールを注ぐと表面から水分が蒸発して気化熱を奪うため外面から冷えますから、ビールの温度がいつまでも低い温度を保ち良い結果が得られました。鋳鉄製や素焼きの陶器もこれに準じます。

MEMO

第4章
貴金属と元素

17 金（Au）
――装飾品の雄として古来より君臨――

金（Au）はAuをローマ字読みするとエイユウ、すなわち金属の「英雄」です。日本では古くから黄金（こがね）あるいは、くがねと称し、その永遠の荘厳な光彩を放つ煌びやかさに惑わされて、人類が限りなく求め、大事件、戦い、略奪の源となった金属とも言えます。一方で、Auは人間社会の経済活動を助け、価値を追求し、富裕の尺度にもなりました。

Auはすでに紀元前３０００年頃には人間社会に登場し、装飾品が生まれています。Auは昔から貴金属、貨幣、象嵌《ぞうがん》などに使用され、装飾用では最高の金属でした。

Auの特性は各種の酸やアルカリに対して侵されず耐食性がありますが、濃硝酸１に対して濃塩酸３を混合した酸（王水）には容易に溶けます。金と王水を混ぜる試験中は濃厚なガスが生じますから、ドラフター内で操作しなければ喉と目を痛めます。

展延性はとくに優れ、自由に冷間加工できる理由は金原子の結晶構造が面心立方格子を示すためです。この結晶格子は原子同士の接触点が多く原子が多方向にすべりやすいためです。金属物理学ではすべったあとの形跡を転位といいます。

展性の例ではAu１gをワイヤーに加工すると３㎞までのびます。これを絹織物に織り込む金糸として利用しています。延性は板材や箔のように広げて、薄くできる性質です。Au１gからつくった箔は数㎡の広さにも達し、そのときの厚さは０・１㎛です。

金沢の純金加工は歴史があり有名です。実際は柿渋（その他の素材も混合しているが伝統技術として秘密とされる）で染色した美濃和紙（箔紙）間にAu地金を装入したあと箔師が和紙の上から加減しながら少しずつ叩き上げていく手法で、細部は各箔師の技量で異なります。実用性を高めたAu箔はAu－４・９Ag－０・66Cu合金を使います。これは純金４号色という色を調整した合金で、他にAu単独で使うより展延性を増す目的があります。

優秀なAuの展延性を利用して容易に装飾品や貨幣を冷間で細工できます。江戸時代の傑作である大判小判はその最たる貨幣です。当時はAuの含有量を価値としましたが、現代では貨幣の価格より装飾品として最高水準の装飾品と言えるでしょう。福岡の志賀島の田んぼから農夫が発見したとされる金印（漢委奴国王印）も古代王の認証印と言われています。

Auの成分量を示す語彙に18金、24金という種類があります。これはAuの純度を意味し、Au１００%を24分率に分けてカラット（K、carat）で表示します。24Kが純金を示し、18Kは24分の18、すなわち75%の純度になります。Auは他の金属と容易に溶け合って合金を造りやすい金属です。たとえばドイツメーカーの万年筆は世界最高水準であると国際的に評価され、主要なペンの材料に18Kを使います。それは24Kでは軟らかすぎるからです。

ヨーロッパでは中世にAuの製造を試みる錬金術が盛んに研究されました。Auは元素の１つではなく、製造できると信じていたのです。そのような社会環境の中、マルコ・ポーロが著した『東方見聞録』では日本をジパングと呼び、黄金の国だと紹介しています。当時の日本は佐渡の金山を始めとし、黄金の国と称されるほど各地で多量の金を採掘していました。現在は鹿児島菱刈鉱山だけが国内で唯一操業しています。

世界的には南アフリカのヨハネスブルグが全世界で採掘する量の３～４割を産出中です。オーストラリアでAuを産出する場所がわかると人々が押し寄せ、現在のメルボルンなどの都市が形成されました。

１８４８年、アメリカのカルフォルニアは西部の開拓と同時にゴールドラッシュで沸きかえり、Au採掘でとても賑わいました。砂金を採取するとき、揺り皿法で土砂を洗い流す一連の作業が何万何十万の人々によって繰り広げられました。その時に履いた摩耗しにくく破れにくい作業ズボンは、後々ジーンズとして流行になりました。

Auの相場価格はg単位の市況を新聞に掲載していま

す。市況はPtと同様に戦争や紛争が発生すると急激に高騰する傾向があります。Auの価格は将来に渡って下がることはないでしょうから、現物の延べ棒を財産形成の手段としてバンキングする人もいます。

Auの採取はAgと同じく灰吹き法によります。この方法はAuを含有する鉱石を微細化したあと、重さを利用して沈降する浮遊法により分離します。そこにPbを入れて溶融するとAu成分がPbと化合し合金化します。濃縮したAu-Pbリッチな精鋼はそのあと灰中に入れて溶融するとPbが酸化して灰中に入り、Auだけが残存するという工程です。

他には混こう法があります。これはAuの精鋼を水銀（Hg）と混合するとAuが容易に合金（アマルガム）を生成する性質を利用する方法であり、そのアマルガムをあとで加熱するとHgだけが蒸発するためAuだけを採取します。この工程では多量のHgがガスとして蒸発するためHg中毒に罹りました。

奈良の大仏は鋳造したあとの表面にAuアマルガム溶液を全面に塗布し、そのあと加熱すると３５７℃でHgが蒸発してなくなり、光り輝くAuだけが残った荘厳な大仏が完成しました。この作業に携わった人員は述べ数万人とも言われますが、多くがHg中毒の被害を受けただけでなく、蒸発したHgは深く土壌に染み込み公害を引き起こしたため水が汚染し住むことができなくなり、奈良から遷都した受動的な原因になっています。もちろん佐渡や石見の金山銀山でも中毒が原因で死亡する者が数多く、他の地域と比較して多くの寺院が集まっているという特徴があります。

Au採取にはさらにシアン化法があります。これは青化法と称し湿式精錬です。Auを含有する鉱石を破砕したあとシアン酸（CN基を持つ酸、KCN、NaCHなど）に溶解させるとAuが溶出します。次にこの溶液にZnを入れて溶融してAuと化合物を生成し、そのあと乾式でホウ砂やケイ砂を装入してZnを化合させて除去したあとAuだけを分離して採取します。この方法は最も有毒なシアン酸を使用する工程での作業が危険であるだけでなく、廃液処理が困難になります。

ここでちょっと一息、Auの延べ棒にまつわるおもしろい話があります。盗賊団がAuの延べ棒を奪おうとした時の実話です。Auは密度がPt19・３と金属の中では

Au（金）

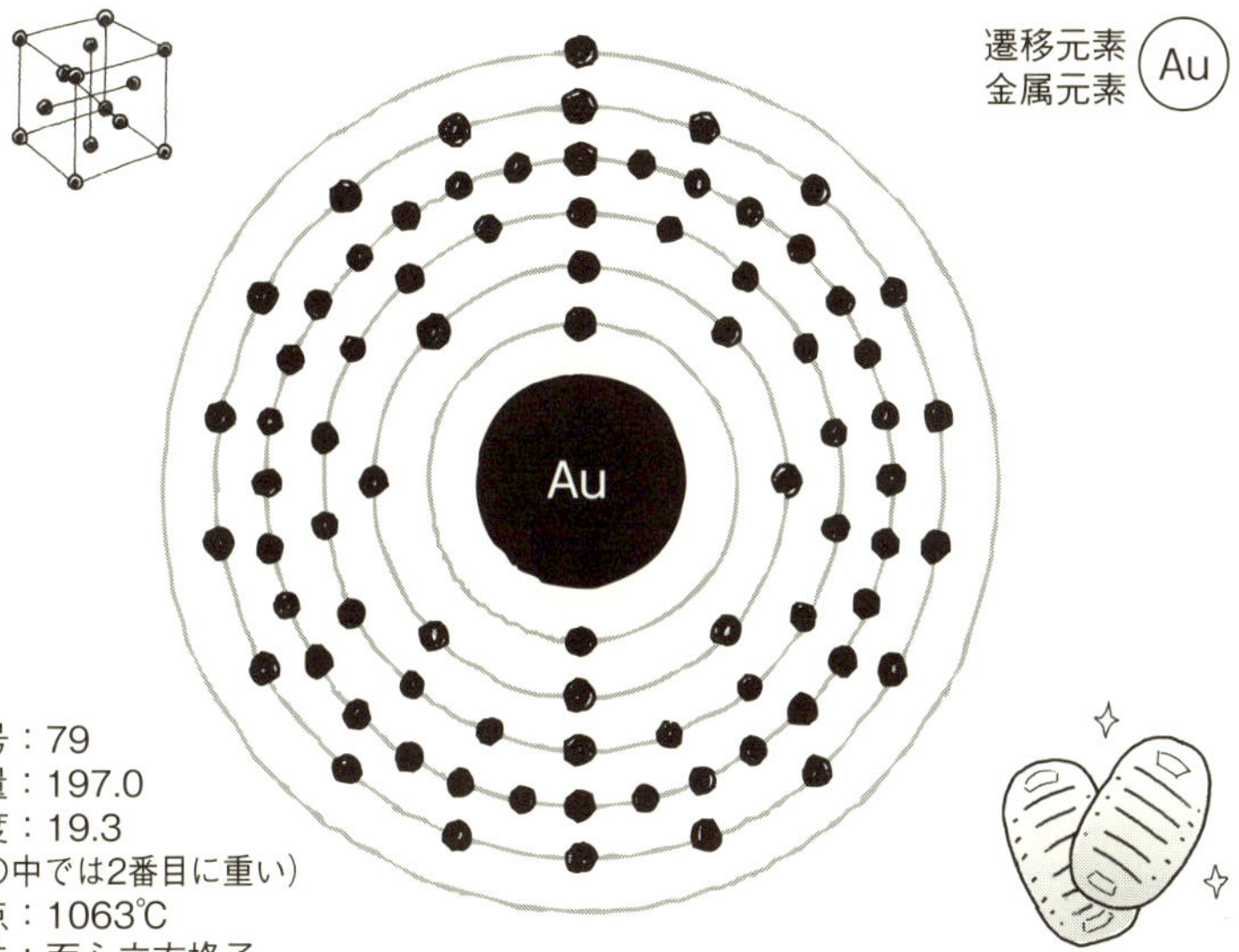

原子番号：79
原 子 量：197.0
密　　度：19.3
（※金属の中では2番目に重い）
融　　点：1063℃
構　　造：面心立方格子

2番目に重い金属です。盗賊団は運搬に時間がかかることを考慮し、Auの延べ棒の代替品を並べておくことにしました。その材料は重さが同じ金属です。盗賊団は智恵者で、同じ形状にしつらえたW（タングステン）の延べ棒にAuメッキを行い、置き並べていたため、長期間に渡り発見が遅れたと言われます。

とくにAuの美に執着した武将が豊臣秀吉です。建造した聚楽第《じゅらくだい》は総Au箔張りだったと伝えられ、Auの茶室、Auの団扇、Auの茶釜などすべてAuにこだわっています。その1つの例が金継ぎです。この経緯は秀吉が愛した茶碗「筒井筒」を小姓が割った時、秀吉が手打ちにしようとしましたが、細川幽斎からたしなめられます。あとで割面をAuで継いで見事元の姿に返ったとされて秀吉が大いに喜んだだけでなく、この金継ぎが新しい高付加価値を呼び込み武将間に広がったという顛末です。金継ぎは陶器の1種の装飾法であり、茶の湯が盛んになった室町時代に始まっています。伝統的美意識によって生まれた技術と割れや欠け目を美化する「詫《わ》び、寂《さび》」の世界を秘め、修復がとくに生の蘇り「再生」を表すため武将は競って取り組みました。

18 銀（Ag）—加工性も金につぐ2位—

Agは人類が紀元前4世紀から自然Agとして発見したあと使用した形跡があります。現在、Ag鉱石は硫化銀の輝銀鋼（Ag_2S）、濃紅銀鉱（Ag_3SbS_3）と塩化物の角銀鉱（AgCl）があり原料としています。これらの鉱石は加熱により容易に硫化物を還元したあと、鉛鉱石を装入してともに溶融しAg-Pb合金を作ります。そのあと灰吹法によりPbを酸化してAgを灰中に吸収させて灰吹銀を作ったあとに、Auと同じく青化法（青酸カリなどのシアン化溶液による溶解）やアマルガム法によってAgを抽出して分離します。このときAuも同時に副産物として採取できます。

日本は戦国時代から石見銀山や佐渡金山を始めとする有数な鉱山が各地に存在し、製錬技術の灰吹法の確立もあって300年間に渡り世界一の産出国で多量に輸出していました。現在は枯渇し、主要な産出国のメキシコ、ペルー、オーストラリアからの輸入に頼っています。

Agの性質は、密度が10・5、融点が961・8℃であり、結晶構造は面心立方格子であるため常温における加工がAuについで優れ、線材、板材、箔など多くの形状に容易に成形ができます。Agは昔から日本ではしろがね（白銀）と称し、煌びやかな金属光沢に富みます。

Agは空気中で酸化しやすく、とくに硫黄（S）成分により表面が急速に硫化銀（Ag_2S）となり黒色を帯びてきます。AgはS成分以外にはAsと同じく反応して色調が黒くなりますから、食物内の毒性の検知にAg製の食器を使用した理由がこのためです。Ag製の装飾品などを着けて火山の見学や温泉に行くと、亜硫酸ガス（SO_3）や水中の硫黄成分により黒く色変わりします。

Agの金属材料としての実用は金属の中では電気抵抗が最も小さいため、精密かつ高付加価値品用として限定した電気導線があります。その他の一般の工業用材料としての利用は接点や電池がありますが、高価なため少なく一般に硬貨に使ってきました。純Agの硬貨を使用した経緯がありますが、Agは軟らかいためCuやNiを固溶した合金として硬さを高め、流通しています。

貨幣としてのAgは取引に際しての主要な金属でしたから銀本位になり、これが元で取り扱う商いが「銀行」という名称に至りました。その後Agの産出が多くなり価値が下がったため、金本位制に替わりました。

Agの性質は可視領域において光線の反射率が最も大きいため、装飾品の煌びやかさが優れますが、工業用としては写真用フィルムや蒸着して反射率を高めた鏡などに多用しています。また臭化銀（AgBr）やヨウ化銀（AgI）は写真の感光剤に用い、日光に当たると反応してAgが遊離して残るため、感光後に現像液で洗うとAgが黒く残る原理を応用しています。

Agはイオン化したときCuと同じようにバクテリアなどに対して強力な殺菌性と消臭効果を示しますから、飲料水や温泉水などの抗菌剤、水虫治療薬や各種の病原菌に対して使用しています。

Agは人体に無毒であることからAuと同じく歯科用材や鍼灸用材があります。

Ag（銀）

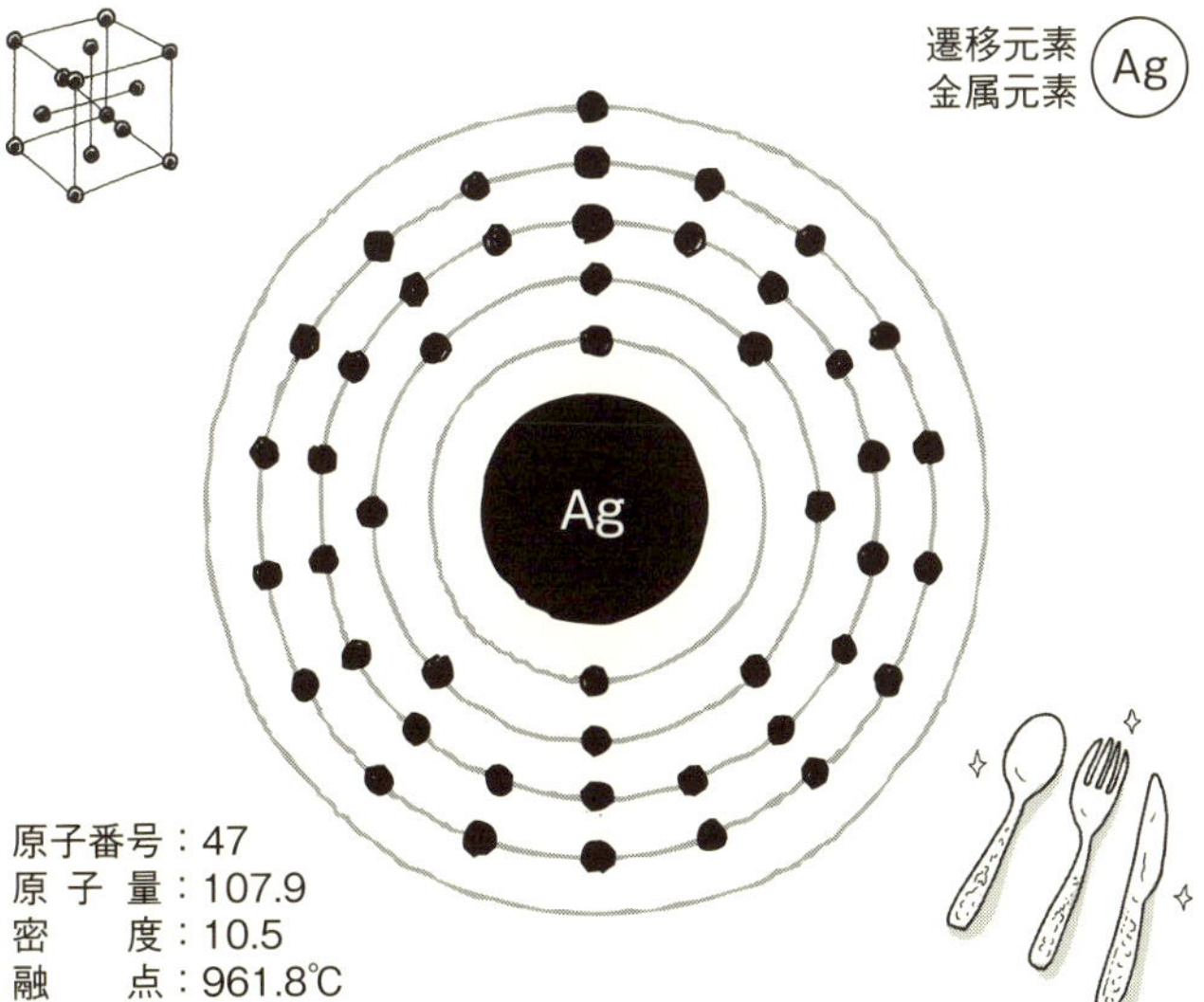

原子番号：47
原 子 量：107.9
密　　度：10.5
融　　点：961.8℃
結晶構造：面心立方格子

19 白金（Pt）
—金より高価な金属—

白金（Pt、プラチナ）は白金族であるルテニウム（Ru）、ロジウム（Rh）、パラジウム（Pd）、オスミウム（Os）、イリジウム（Ir）の兄弟金属で、これらの元素と性質が類似しています。Ptは密度が21・45と元素の中で最も重く、融点は１７６３℃と極めて高温であるため耐熱性があり、結晶構造は面心立方格子であるにもかかわらず硬質に使われました。展延性に優れるため板材、線材、箔などに容易に加工できます。酸やアルカリに対して耐食性があり純白の金属光沢が美しいため高価な装飾品に使ってきました。

Ptは川砂やその堆積から自然白金として取れることがありますが、鉱石は砒白金鉱《ひはっきんこう》（$PtAs_2$）です。Pt以外に白金族の各金属も同時に副産物として取れます。産出国は南アフリカが世界の75％を占め、ロシアの17％を加えるとこの2国でほぼ独占しています。ちなみにPtの価格を市況（２０１３年９月）の推移で見ると、１g当たり５０００円弱であり、金（Au）のおよそ２倍です。ただし、PtおよびAuの市況は世界的な経済状況だけでなく、紛争や戦争によって大きく変動します。

エジプトのテーベで発見された小箱は純Pt製であり、紀元前7世紀当時の精錬や溶融して造った冶金技術が極めて高度であったことが理解できます。

スペインは南米インカ帝国を武力で滅亡しました。その時に持ち帰った装身具の中にPtがありましたが、冶金技術力が低く溶融もできなかったためPtの価値を知らないまま廃棄したと伝えられています。インカ帝国のPt製の数々の装飾品は高温で精錬できなかったはずですから、おそらく粉末冶金の方法で製造したとされています。

Ptの用途で多いのは、何と言っても装飾品であり、およそ半分を占めています。Ptの品位はPt900で表し、記号の意味はPt含有量が90％を示す品位です。造幣局が設定した宝飾品の品位区分はPt999、Pt950、Pt900、Pt850の4区分で、品位証明ができます。これらはプラチナジュエリーと称します。Ptにパラジウム（Pa）を添加したPt－Pa合金がありますが、これはPt量を減らす目的ではなくてPa添加により融点を下げて鋳造性を改良する目的があります。また装飾品のホワイトゴールドは美しい白色を呈しますがPtではなくて、Au－Pd合金です。

Ptは工業用として排ガス浄化の触媒や高級な電気接点に使用しています。将来はPtが燃料電池製造時の水素を分解する性質があるため、その触媒として重要で不可欠の金属になると予想されます。

使い捨てカイロが販売される前までは白金懐炉を使っていました。アルコールを注入して白金腺に火を点けると日中長く持ちましたから重宝でしたが、ときどき溶剤が流れ出て火傷を負う例がありました。懐かしい懐炉です。

生体用としてのPtは合金化して入れ歯やインプラントなどの歯科用材としても使用しています。

Pt（白金）

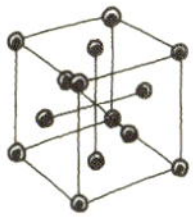

遷移元素
金属元素
Pt

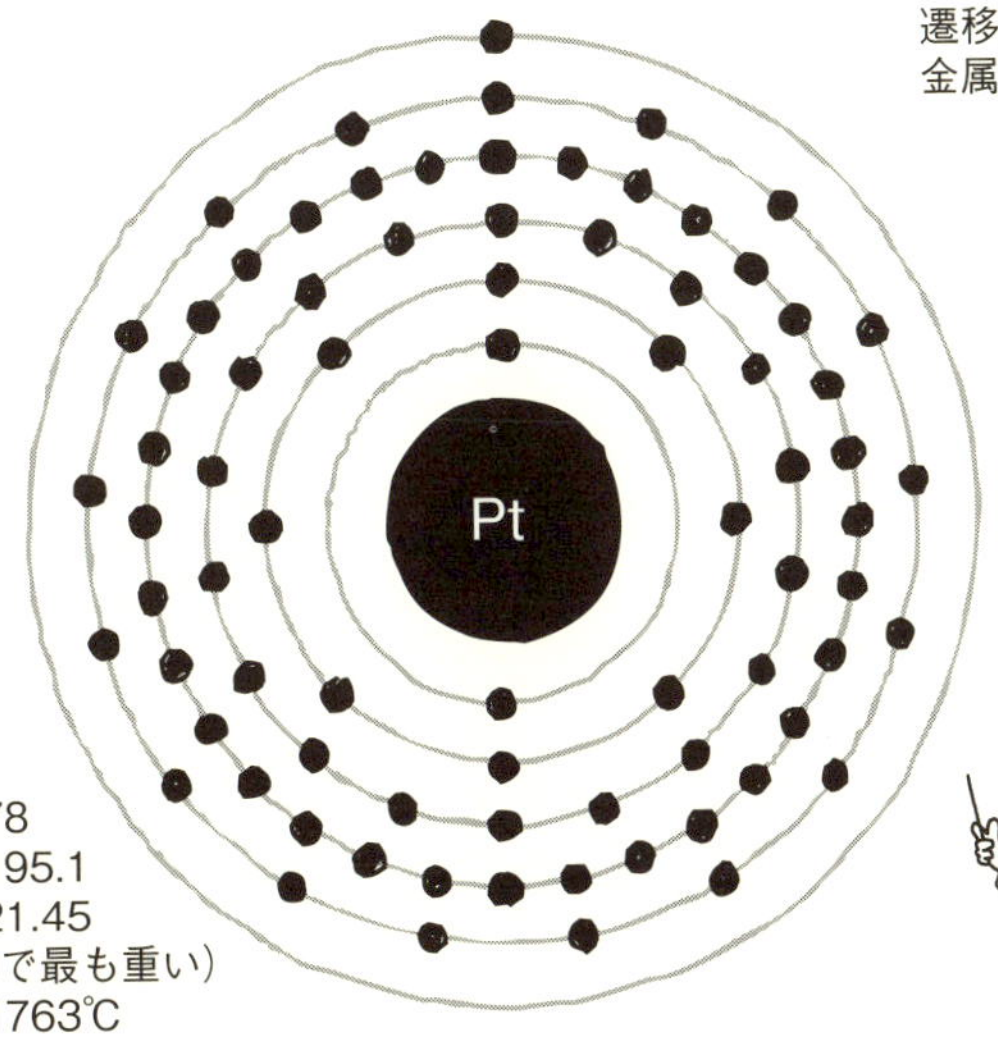

原子番号：78
原 子 量：195.1
密　　度：21.45
（※元素の中で最も重い）
融　　点：1763℃
結晶構造：面心立方格子

20 パラジウム（Pd）
―ホワイトゴールドの材料として多くを利用―

パラジウム（Pd）は希少金属の1つでありプラチナ（Pt）の仲間です。性質は結晶構造が面心立方格子であるため常温で優れた加工性があります。金属は銀白色を示し、密度が12・0、融点は1555℃で強酸には可溶します。

金属材料として一般的な使用は少ない元素ですが、Mgと同様に水素を吸収する特異な性質を持っています。これは面心立方格子内の隙間にH_2が侵入するためです。一般にPt属合金（Pd合金を含む）とMg属合金はその傾向があります。将来、燃料電池車が実用化するに従ってH_2を吸収排出できる機能を持つ合金として脚光を浴びることは確かです。

工業におけるPdの使用はPtと同じく自動車の排気ガス浄化の触媒があり、他の実用的な用途先は今のところ開発されていません。

Pdは色合いの美しさから主にジュエリーや装飾品に使用します。PtにPdを微量添加したプラチナ合金や、金（Au）の色よりPtに似た白色の美しさを追求するために造ったホワイトゴールド（以下White Gold、WGで表す）を宝飾品として使用します。白色の煌びやかなWGは女性の垂涎の的です。なお、Ptは歴史的にも生産が限られておりAuと合金化して利用されています。

WGは次の2種類があります。

①75Au－25（（Ni－Cu、Zn）または（Pd、AgCu））

②58・5Au－41・5（（Ni、Cu、Zn）－または（Pd、Ag、Cu））

①は白色の色調が強くて美白を呈しますが加工性に支障があり、②はAuが少ない分、色調が弱くなり加工性も劣ります。また添加元素の中でニッケル（Ni）が

アレルギーを発症する金属であるため、Niを含有しないWGが要求されています。Pdはロシア52・9%と南アフリカ32・2%で85%と偏在して生産している金属です。（Johnson Matthey Platinum（2008）より）

日本は供給の大部分を輸入し2005年実績は77tです。国内ではNiやCuの精錬の副産物として採取しています。また解体した廃車の触媒用コンバーターから約60%の回収率でリサイクルする現状です。意外にも使用済の歯科材料から大部分を回収しています。

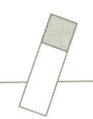

一口メモ

希少金属：非鉄金属のうち、埋蔵や生産量が少なく流通や使用が限られているレアメタルで、狭義にはAuやAgなどの貴金属を除く分野を指す。

Pd（パラジウム）

遷移元素
金属元素
Pd

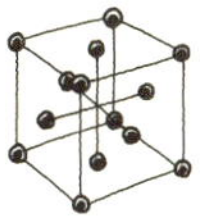

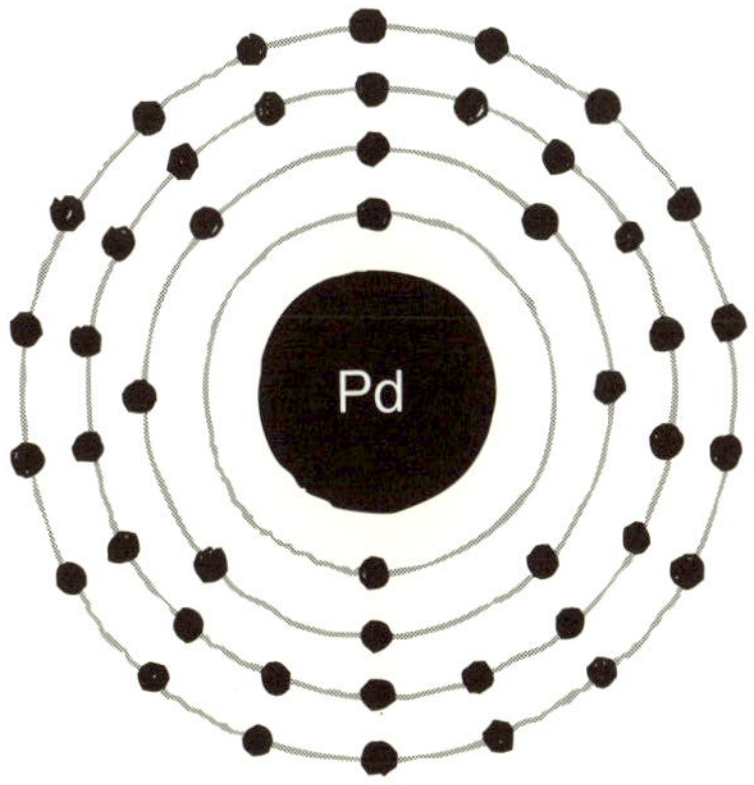

原子番号：46
原子量：106.4
密度：12.0
融点：1555℃
結晶構造：面心立方格子

柿渋は夏の頃、山柿あるいは豆柿をまだ青い時期に採取して小割したあと、樽に加水して漬け込むと有効な柿タンニン成分が抽出します。数日で発酵が盛んになりますから固液を分離したあと、液を数週間～数カ月に渡って熟成すると、品質が良好な柿渋ができ上がります。

Column

柿渋と耐食

耐食性を有する材料はAl合金やTi合金があり、鋼では一般的にステンレスを使用しています。しかし、これらの材料は酸、アルカリ、耐候性にすべて万能ではありません。

多くの機械部品、建築材や輸送機など産業機械を含んだ多くの分野で、耐食は重要なテーマであり、表面の腐食防止のためにさまざまな工夫をして対策を講じています。

塗装、コーティング、焼付け、金属溶射、ドブ漬け、メッキなどの処理がありますが、効果の評価以外にコスト、作業性、加工設備、寿命、再現性、公害や後処理など、他の観点から吟味して採用します。

そのような状況にあって、最近自動車の部品の耐食に利用してきた部品に対して、今まで使用してきた化学品の酸化防止剤の代替として、鉄鋼表面に柿渋の膜を付ける処理が普及してきました。その使用法は、自動車部品の表面を洗浄したあと、柿渋が入る槽内に決まった時間浸積したあと、引き上げて乾燥します（加熱、通風乾燥もあり）。柿渋は部品の表面に強固に付着しますから、一種のコーティングした膜を形成して、これが耐食性を発揮します。

MEMO

第5章
希少金属と元素

21 リチウム（Li）
——電位が最も低い特性を電池に活用——

希少金属とは、非鉄金属のうち、埋蔵や生産量が少なく流通や使用が限られているレアメタルのことを言い、狭義にはAuやAgなどの貴金属を除く分野を称します。

リチウム（Li）はアルカリ金属元素の仲間です。金属元素の中で密度が０・53と最軽量であり、融点は１８１℃と低く、銀白色を示します。常温で水と激しく反応するためナフサ中で保管します。

Liは、電気分解による方法が確立するまでは金属として採取されなかったので、世に出る時期が遅く、登場するのは１８００年代初頭です。それまでは工業用用途が見出せなかったため、本格的な生産は１９００年代以降になりました。

初期のLiの利用は航空機用のグリース潤滑剤でしたが、水素爆弾用としてトリチウムを生産する場合に利用したため、その重要度が増し軍事大国が競って急激に生産を増やしました。

Liは埋蔵量の多くがアンデス山脈に偏在し、チリが寡占しています。

Liは主要な金属材料として使用される余地はありませんが、溶接時のフラックスや溶鋼の鋳造時にも炭酸リチウム（$LiCO_3$）を利用します。これはLiが極めて流動性に優れることと、酸化して他の不純物を取り込み清浄化するからで、全体量の数%を消費しています。

Liは窯業の釉薬の添加剤として用い、全利用率の30%にも上がります。目的は融点の降下、表面のヒビ割れ防止、釉薬の流動性の増加と表面槽の均一化があり、主に炭酸リチウム（$LiCO_3$）が用いられています。当然、ガラス工業にも多用され、$LiCO_3$、フッ化リチウム（LiF）は光学系のガラス、耐熱ガラスにはなくてはならない試薬です。

次に続く利用先はリチウム電池であり約25%です。Liが電池に向く理由は、電位が最も低いため負極に使用されます。正極は二酸化マンガン（MnO_2）などです。リチウム電池は軽量、小型、長寿命であるため需要が急激に増しています。

Liの特殊な用途例は塩化リチウム（LiCl）とヨウ化リチウム（LiI）が極めて吸湿性に富む性質を利用する方法であり、軍用艦船、宇宙船の室内の除湿に応用しています。私の経験では浸炭炉に導入する変成炉中の水分測定にLiClを塗布した抵抗線を用いて電気抵抗の数値を計測して、間接的に水分含有量の計測を行いました。これはLiClが湿気を帯びると電気抵抗を変える性質を利用したものです。

一口メモ

アルカリ金属：周期表の第1族の元素に属するH（水素）、Li、Na（ナトリウム）、K（カリウム）、Rb（ルビジウム）、Cs セシウム）、Fr（フランシウム）のうち、Hを除いた元素を言い、金属的な性質を持つ。

Li（リチウム）

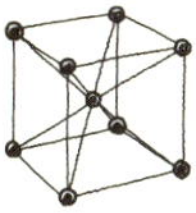

典型元素
金属元素　Li

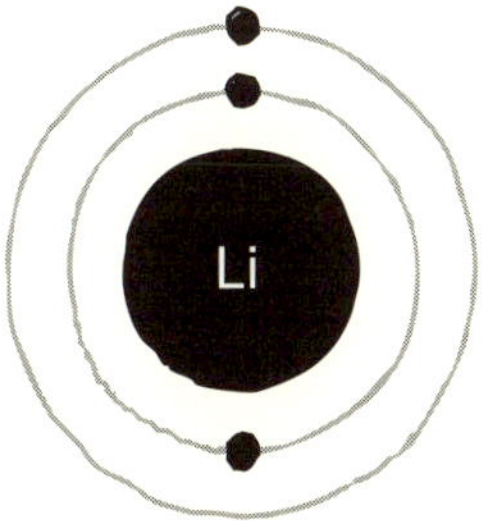

原子番号：3
原 子 量：6.941
密　　度：0.53（※最も軽い）
融　　点：181℃
結晶構造：体心立方格子

22 チタン（Ti）
―軽量・高強度金属として活躍―

Ti（チタン）は地殻中に多量に存在する元素であり、ルチル（金紅石、TiO_2）あるいはチタン鉄鉱（イルメナイト、$FeTiO_3$）から精錬します。Tiの名称は巨人を意味するタイタンから名付けられました。Tiはこれらの鉱物をMgで還元するクロール法により、純Tiを製造しています。主要な生産地はオーストラリアおよびカナダで世界の生産量の過半を占めます。

チタン（Ti）は軽量、高強度金属として急速に需要が伸びています。Tiの性質は、密度が４・３と小さく（Alは２・７で約2倍）、融点は１６６８℃（Alは６５９℃）で、銀白色に近い光沢を持ちます。密度がFeの半分にも届かないうえ強さがあるため、強さ／質量の比率が優れ、構造物に利用すると自重の荷重が少なくなります。

Tiの強度はAl材と比較して2倍近くあるだけでなく、のびや絞り値が大きく靭性に優れますから、機械部品に使用が可能です。

また極めて弱い磁性を持ち、電気伝導率と熱伝導率が大きいことも特性です。

Tiは酸化した表面がAlに似て不動態となるため常温では酸やアルカリに対して安定し、耐食に極めて優れています。Tiの使用が伸びた原因の１つに優れた耐熱性を具備しますから高温に使用できますが、１０００℃を超えるジェットエンジンなどの内燃機関には限界があり、主に中温（５００℃以下）の雰囲気中で使用しています。

また高温雰囲気中では各種の元素と化合しやすいため対策が必要です。たとえばTiの溶接は周囲の雰囲気を完全にシールドして行う必要があります。

また純Tiは展延性があるため常温で加工性に優れま

Ti（チタン）

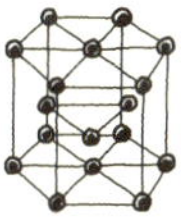

遷移元素
金属元素　Ti

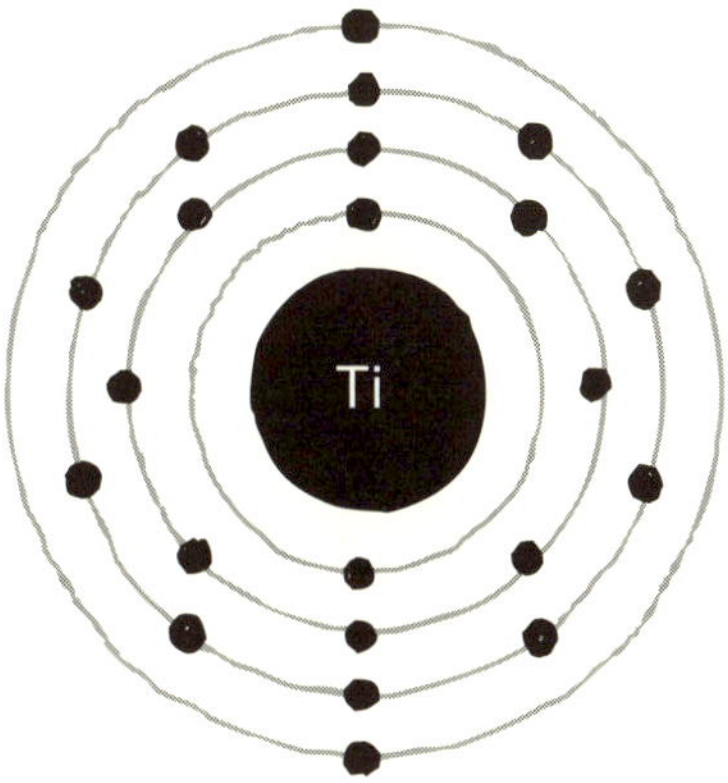

原子番号：22
原 子 量：47.88
密　　度：4.3
融　　点：1668℃
結晶構造：稠密六方格子

チタン合金の用途例

チタン合金	特　性	用　途　例
Ti-Ni	形状記憶	添加剤
TiC	硬質	超硬合金の切削工具
TiO_2	鈍白色	塗料、絵の具の主原料、化粧品の主原料
	光触媒効果	高速道路側壁（排気ガスの浄化）、洗面所・トイレの陶器
TiCl		ガラスの着色剤

すが、合金はやや難があります。しかし、加工品はさまざまな用途に使用されています。

Tiの金属材料への応用は、酸化しやすい性質を利用して製鋼時の脱酸剤に使用する他、鋼にTiを微量添加した場合、基本的にフェライト基地を強化する性質があります。

合金ではTi-Ni（ニッケル）が形状記憶合金の中では最も使用されていますし、オーステナイト系ステンレス鋼の粒界腐食防止のための添加剤として効果があります。これはステンレス鋼内のCと化合して炭化チタン（TiC）を形成しますが、CがCrと化合して粒界を腐食しやすくするクロム炭化物（$Cr_{23}C_6$、$Cr7C_3$、Cr_3C_2）の生成を防止するためです。

Tiは他の金属と反応し化合物を形成しやすい元素ですから、CやNとも反応して化合物、TiCやTiNを生成します。TiCはビッカース硬さが３０００弱と非常に硬質な化合物であるため、この粉末を焼結して超硬合金の切削工具に使用します。またTiを添加した鋼は窒化ガス処理した時に表面に硬質のTiNを形成するため、耐摩耗に寄与します。

Tiの用途先はその性質を活かして、航空機、深海用機体、化学機器、海水用容器、ゴルフ用品、登山用具、自転車のフレーム、深海船などがありますし、最近はTiが無毒であることを利用して人工関節内に埋め込むと、生体組織との親和性が良好であるため骨や筋肉と強く結合します。他には歯科用インプラント材、骨折補助継手などにも応用しています。Tiを身につけてもアレルギー反応には鈍感であり、無毒性を活かしてピアス、腕輪などの装飾品、時計のバンド、眼鏡フレーム、生体用の骨接材に用い、最近は食器にも進出してきました。宝石のサファイアは青色酸化鉄に酸化チタン（TiO_2）が混合されて美しい緑色を呈します。

Tiは酸化して酸化チタン化合物を生成します。酸化チタン（TiO_2）は安定した化合物で美しい純白色を呈し、塗料、絵具、化粧品の主原料になります。従来は鉛（Pb）あるいは亜鉛（Zn）の酸化物が白粉（化粧品）の材料でしたが、最近はTiO_2が他を凌駕しました。Tiの無毒性が証明されたことが代替を押し進めた理由です。

TiO_2は光触媒効果を持つため、光を吸収して汚染物質を分解する能力に優れています。用途の一例は高速道路側壁にTiO_2を塗布して排気ガスを浄化しています。家庭内の機器では陶器の洗面機器やトイレ機器に応用して白色を保持しています。TiO_2は大気の還元作用に優れますから、日光が当たる表面に塗布して有機物の分解や除去を行うことができます。また塩素と反応した塩化チタン（TiCl）はガラスの着色剤に有効です。

Tiの珍しい使用に瓦があります。浅草寺本堂の瓦はTi板で葺いています。Tiが酸化したあとに不動態化してそれ以上の酸化を防止することや、軽量であることを利用した特別な例です。

ちなみに、神社とお寺の区別を見極める部分は屋根を見ればわかります。神社の屋根は千数百年前から茅や藁葺き、板葺き、小舞で葺いていました。最近になり金属板葺きも見られますが、神代の時代は自然の素材をうまく利用したのです。一方で、寺院は仏教がその後に伝来して興隆しましたから、粘土を使って焼いた瓦で葺きました。よって屋根に使用している素材を確認すれば神社と寺院の違いが明瞭です。

一口メモ

フェライト：鋼の組織の1つ。軟らかくのびがある性質を示す。

クロール法：チタン鉱物をコークスで燃焼してFe分を除去し、次にClガスを流入して塩化チタン（$TiCl_4$）を生成したあと蒸留してTiを単独に取り出し、次に900℃の不活性ガス中でMgを添加して還元し、塩化マグネシウム（$MgCl_4$）を分離して多孔質の金属Tiを採取する。

オーステナイト系ステンレス鋼：ステンレス鋼の種類の1つで、常温でオーステナイト組織を持つ。ステンレス鋼の中では一般に耐食性に最も優れる。

光触媒：光を照射すると触媒現象が生じる光化学反応の1つで、強い酸化還元作用がある。

23 ジルコニウム（Zr）
——融点が高く耐熱性に優れる——

ジルコニウム（Zr）は性質がTiによく似た銀色の金属で、性質はTiと比較して密度が６・５とやや大きく、融点が１８５５℃と高いです。同素体を持ち、常温で酸やアルカリに対して安定しますが、これは表面が不動態化するためで、Tiでは耐えられない濃硫酸や強アルカリ塩酸などに対して優れた耐食性を示し、耐熱性もあります。

Zrはバデレー石（ZrO_2）が主要な鉱石ですが、一般にはジルコン（$ZrSiO_4$）あるいはジルコンサンド（$ZrSiO_4$、ケイ酸ジルコニウム）として火成岩中に含まれています。火成岩が自然に崩壊した結果、河川流域や海浜には濃縮して高濃度のジルコンまたはジルコンサンドが堆積します。同時に磁鉄鉱やTi成分を含有するルチル（TiO_2）が一緒に産出します。世界的な産地はオーストラリアおよび南アフリカで、鉱石としてこの2カ国が世界の過半を占め、金属の生産量は80％に迫ります。

日本ではジルコンサンドをオーストラリアから輸入して、鋳造工場で鋳型の鋳物砂に使用していました。鋳鋼は１６００℃を超えて注湯するため、鋳型の耐熱性が必須です。ジルコンサンドは耐熱性が優れるため、直接接する重要な肌部分に多く使用して鋳造時の焼付きを少なくしました。この砂は貴重ですから砂処理して何度も回収し使用します。また、ゴルフ場のバンカーにも使用されており、砂でフェアウェイとグリーンをガードしています。

Zr鉱石は破砕したまま耐火煉瓦として使用する機会があり、乾式精錬した半精錬の酸化ジルコニウム（ZrO_2）は研磨材や顔料に使います。乾式製錬は鉱石を破砕したあと浮遊選鉱して精鉱とし、塩素で還元した塩化ジルコニウム（ZrCl）をさらにMgで還元して金属ジルコニウムを得ます。ジルコニウム精鉱を苛性ソーダ（NaOH）で溶融したあと塩酸で分解して水酸化ジルコニウムにし、これを焼成して採取する工程もあります。バデレー石を鉱石とする工程は湿式粉砕したあと浮遊選鉱し、磁力で分離して採取しますが、この工程は稀です。

　Zrの用途は前述したように耐火物用が過半を占め、鋳物砂用の他にセラミックの原料があります。特殊な精密材料としては圧電素子材、レンズ、自動車用排ガスの浄化触媒があり、酸化ジルコニウム（ZrO_2）は白色顔料に使います。またZrは中性子の吸収が少ないため、ジルカロイと称するZr合金（Zr-(0・8-1・2)Sn-(0・15-0・2)Fe-(0・1-0・15)Cr-0・1Ni）を原子炉材料の炉心材や核燃料の被覆材として用います。

　ジルコニウムセラミックスは軽量で耐食性があるためZr-Ti系を刃物や鋏として実用化され、他に生体用として人工骨や歯科材料があります。

Zr（ジルコニウム）

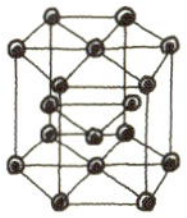

遷移元素
金属元素
Zr

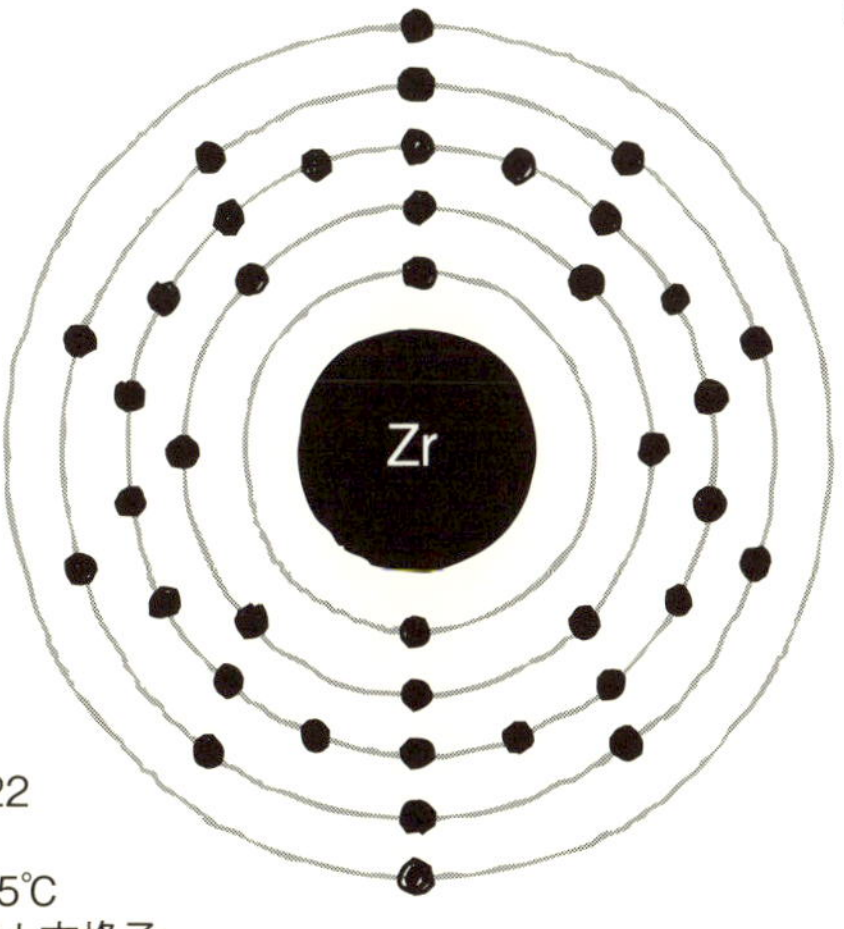

原子番号：40
原 子 量：91.22
密　　度：6.5
融　　点：1855℃
結晶構造：稠密六方格子

24 ニオブ（Nb）

――MRIや超電導リニアに活用――

ニオブ（Nb）はFe、Co、Gd（ガドリニウム）とともに常温で強磁性を示しますから研究が進みました。Nbは化合物Ti（Nb_3Ti）およびSn（Nb_3Sn）が超電導転移温度を持つため、超伝動磁石として実用化し、すでに医療用の核磁気共鳴画像装置（ＭＲＩ）に実績があり、磁気浮上式鉄道（超電導リニア）にも使用して試験を繰り返しています。

Nbは密度が８・57、融点は２４７７℃とかなり高温です。常温では酸化しにくく不動態化を示しますから耐食性に優れ、銀白色の軟質な金属です。結晶構造は体心立方格子を示しますが、常温での加工性は優れています。

Nbは主にコルンブ鉱石（$(FeMn)(Nb,Ta)_{22}O_6$）に含有し、タンタル（Ta）と一緒に採掘します。鉱石は偏在しておりブラジルが80％を埋蔵し、カナダと合わせるとほぼ１００％です。製錬は鉱石をテルミット法で還元します。

金属材料としてのNbの用途は90％以上をフェロニオブとして製鋼時に添加しますから、他の用途は極めて少なくなります。具体的な用途はオーステナイト系ステンレス鋼に微量を添加し、ＪＩＳが数種類を規定しています。これはNbをＣと優先的に化合して炭化物を生成し、クロム炭化物の生成を抑止して粒間腐食を防止する効果があります。また微量を高張力鋼に添加してフェライト基地を強化した非調質で２０００Ｎ／㎟より高い強度を持つ鋼を開発し実用化しています。

Nbは将来タンタル（Ta）とともに、Zr、Mo、Ti、Ｖを添加した合金として、超高速航空機用の耐熱材料や原子炉用材料として期待されています。

NbをＣと化合したNbC粉末を添加焼結した超硬合

金は極めて硬質であり、優れた切削性と長寿命を持つため岩盤切削工具、トンネル掘削用ビットにも応用しています。

この他にニオブ化合物の種類により、圧電素子および光学材料のレーザー素子、熱起電材料、コンデンサなどの用途に多様性がありますが使用量はわずかです。

Nbは表面に不動態被膜を作ると虹のような美しく輝く色調を示し同時に酸やアルカリに対して耐性があります。また低温での加工性もすぐれています。生体適合性が良いため歯科用インプラント材への用途もあります。

一口メモ

非調質：焼入れ焼戻しを行わず、加工したままで使用するため溶接が可能になる。

テルミット法：金属Alの強力な酸化力で金属化合物を一気に還元する方法。

Nb（ニオブ）

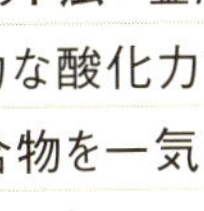

遷移元素
金属元素
Nb

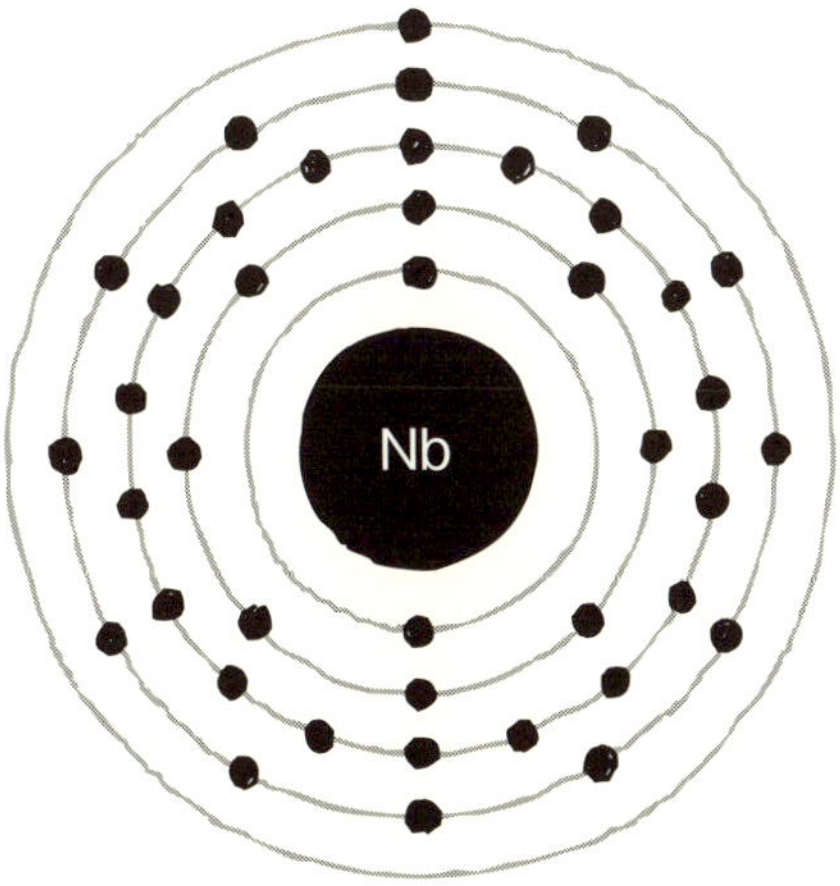

原子番号：41
原 子 量：92.91
密　　度：8.57
融　　点：2477℃
結晶構造：体心立方格子

25 モリブデン（Mo）
―タングステンの代替として利用範囲を拡大―

モリブデン（Mo）は融点が２６２３℃と高いため、タングステン（W）と同じく高融点金属として古くから工業化されました。密度は10・28と重く、結晶構造が体心立方格子を示すように硬い性質を持ちます。表面は酸化して不動態化し、銀白色を呈します。

Moは硫化物である輝水鉛鉱（MoS_2）が主要な原料で、世界的な生産地はアメリカとチリで世界の生産の過半数を占めます。精錬は鉱石を破砕したあとコークスで燃焼し還元する乾式法で単体を分離採取できます。

Moの粉末冶金の歴史は古く、焼結によって板材も線材も造っていましたが、最近では電気アークによる融解でインゴットを製造したあと、各種の展伸材を生産しています。しかし、Mo粉末は単独では焼結しにくい金属です。それはMoが高い融点を持つからです。従来は１７００℃を超える高温で焼結していましたが、Moで電気接点を製造するメーカーの協力により、高専に赴任してから10年に渡り研究した甲斐あって一定の成果が得られました。論文「モリブデンの焼結に対する各種粉末の添加の効果に関する研究」をまとめ、これが学位として認められて金属材料界に貢献することができました。Mo粉末は焼結時に例としてNi粉末を微量添加すると焼結温度を劇的に低下し、１１００℃近傍でも充分な強度を有する焼結体を完成しました。

Moは金属材料にはなくてはならない元素で広く利用されています。製鋼時にフェロモリブデンとして添加し、鋼のフェライト基地を強化するのみならず、機械構造用鋼の焼入性を飛躍的に向上します。ＪＩＳに規定した機械構造用鋼は、Moを微量含有したクロムモリブデン鋼やニッケルクロムモリブデン鋼が高強度部材あるいは太丸材として重要な存在です。VおよびCrの項で紹介した高速度鋼は開発当初が18％のWが基本組成でしたが、Wは高価であるためMoに代替した種類を開発しJISにMo系高速度鋼数種を規定しています。MoはWに性質が近似するため、一般にWの代替元素として用いることができます。

Moの特性である耐熱性を活かして電子管の陽極、グリッド、電気炉の加熱巻線、電気接点、ガラス溶融炉の電極に使用し、最近では航空機用耐熱材料にも利用しています。ただし、Moは温度が上がるに従って酸化が進むため、耐熱性を改良するためにNi、Ca、Si、Zr、Al、Ti、Al-Cr合金などで表面を被覆する方法も採用しています。

Moは塩酸や希塩酸には侵され、硝酸には激しく作用して溶解します。この改善のために、Ni合金で述べたようにNiにMoを32％添加した合金（Feを微量添加）はハステロイやクロリメットとして耐食用材として使用でき、塩類、アルカリ、有機酸類に対して優れる数種類を実用化しています。またNiを添加したMo-Ni合金粉末の焼結材は耐熱用として有効です。

MoS_2は摩擦係数が低下し、耐熱性と負荷に対する抵抗性が優秀であるため、一般に広範囲な温度範囲で重荷重用の潤滑油やグリースに添加します。

Moは生体における必須元素であり、さまざまな作用が発表されています。Moは食品から摂取しますが、ヒ素（As）と同じように魚介類、とくにホヤは高濃度に含有していますし、他は豆類や食肉のレバーに豊富です。

Mo（モリブデン）

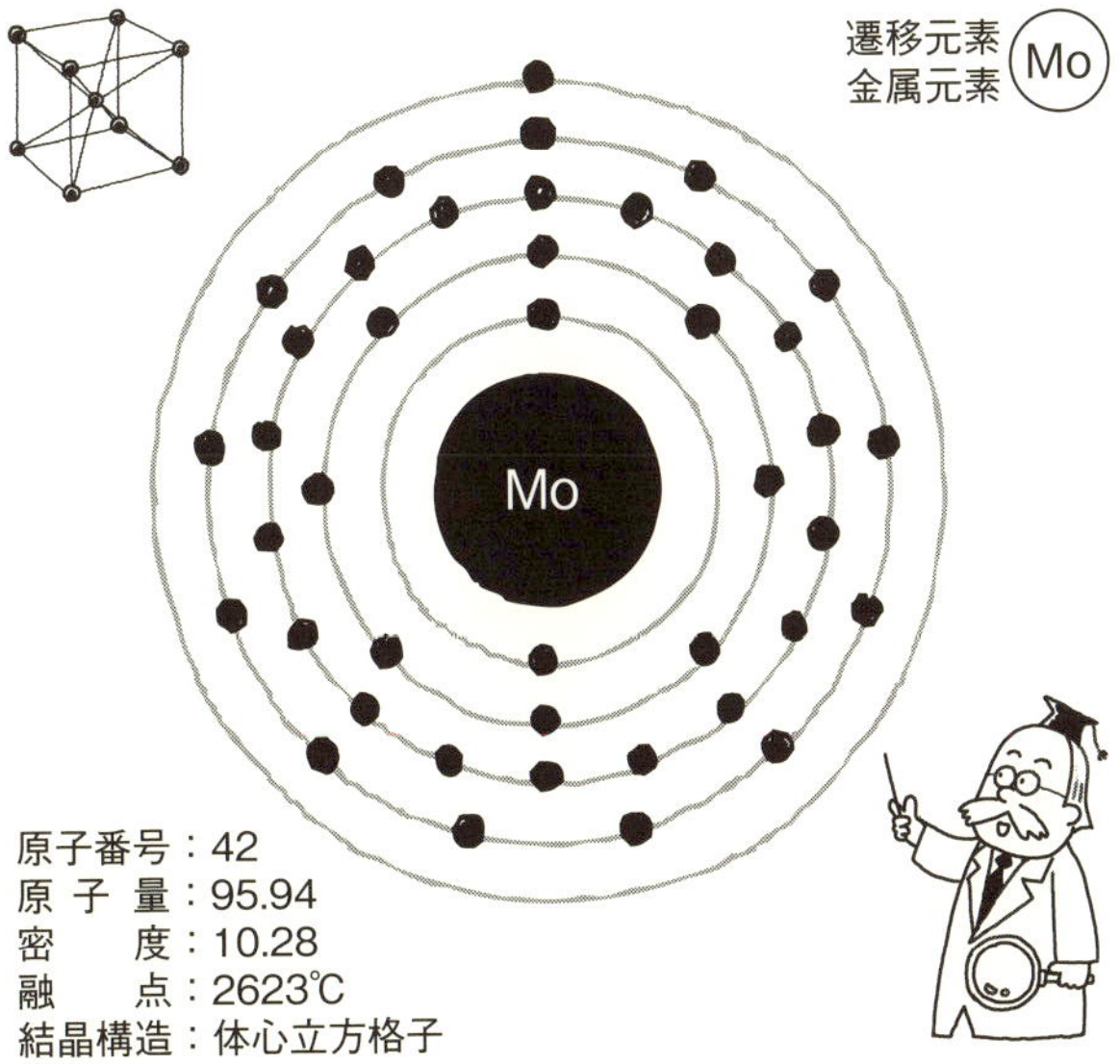

原子番号：42
原　子　量：95.94
密　　　度：10.28
融　　　点：2623℃
結晶構造：体心立方格子

26 アンチモン（Sb）
―毒性があるため、用途は減少傾向―

アンチモン（Sb）は、中国が世界の生産量の80%を超える元素です。日本が輸入する際はロシアからわずかに手に入れるだけですが、その場合は鉱石（輝安鉱、Sb_2S_3）ではなく地金あるいは地金屑であり、国内では精錬していません。しかし、数年前に鹿児島の錦江湾海底に推定で数10万トンの埋蔵量があることが報道されました。これが確かであれば将来の不足はなくなります。SbはSnの鉱石とその精錬時に副産物として得られ、性質が似ています。

Sbは埋蔵に世界的な偏在があるためレアメタルとして扱います。Sbの性質は密度が6・7で、融点は630・6℃の硬質で脆性がある金属であり、表面は銀白の光沢があります。

Sbは中世にヨーロッパでSb_2S_3をアイシャドウなどの化粧用顔料に使用した実績があります。しかし、人体に対して毒性が認められたため使用が激減しました。

現在の用途は非鉄金属材料の合金元素として利用していますが、Sbが人体に対して毒性があるため総じて使用が減少してきています。Sbの主用途先は従来から活字用合金でした。活版印刷の衰退やデジタル化などにより新聞社や雑誌社など印刷元は印字の使用がなくなりました。まだ使用している材料はSn-Sb系やAg-Sb系などのハンダ合金です。しかし、この合金も間もなく消える運命にあります。かろうじて生き残っている用途は電極に使用する鉛蓄電池のPb-Sb合金ですが、最近の新しいPb-Sn-Ca合金が長寿命であるためこの使用が少なくなるでしょう。

Sbが生き残れる合金はSnの項で述べた減摩合金としてのバビットメタル（ホワイトメタル）です。バビットメタルはすべり軸受用として国内で古くから使用しておりＪＩＳに10数種を規定しています。この合金類は鋳込温度が３００〜５００℃程度と低いため鋳造しやすいことや、摩耗したあとに何回も鋳直しできる長所があります。この合金はPb系メタルに比較して硬さは低いのですが、疲れ強さが高く耐焼着性や拘束低荷重用に適し、とくに鉄鋼あるいは合金鋼に対して密着性があり耐食性に優れているためすてがたい合金です。

Sb化合物の三酸化アンチモン（Sb_2O_5）は化合物の中では重宝される物質であり、難燃剤、清澄剤、白色顔料、耐摩耗材に使用します。難燃剤はゴムやプラスチックに添加して電気機器類のケース類などに使用し、清澄剤はガラスに封入すると透明性が向上します。

誰か、
アンチモンの
活用先を
考えてくれるとよいのじゃが

Sb（アンチモン）

典型元素
金属元素
Sb

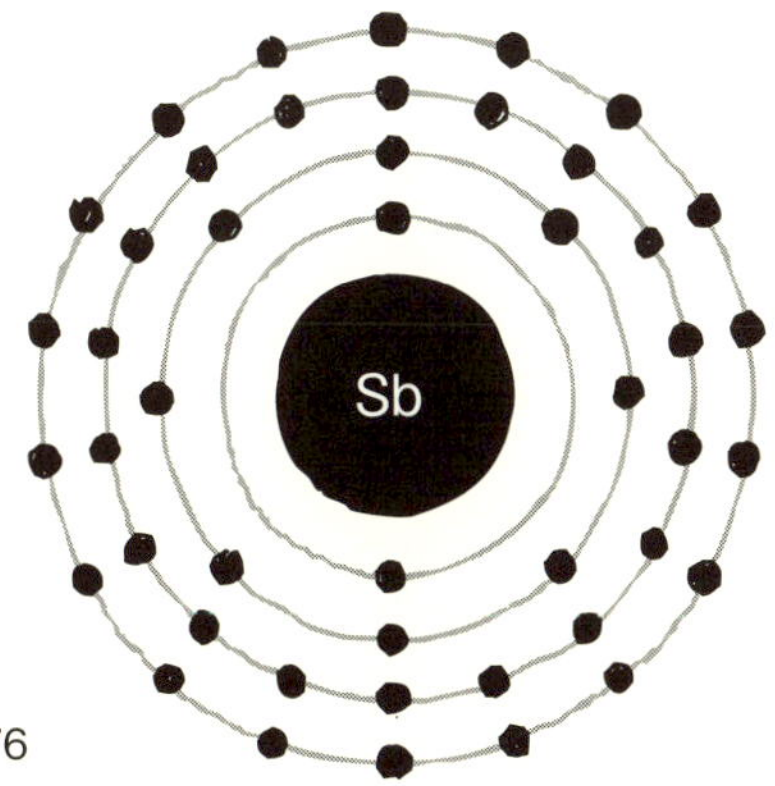
Sb

活字

原子番号：51
原　子　量：121.76
密　　度：6.7
融　　点：630.6℃
結晶構造：三方晶格子

27 タンタル（Ta）

——非常に硬く融点も高い炭化タンタル——

タンタル（Ta）は重い元素で密度が16・7あり、融点は3017℃と高融点金属であり、レアメタルの1つです。Taはタンタル石（$(Fe,Mn)(Ta,Nb)_2O_6$）から採取します。TaはVとよく似た性質を持ち同族です。空気中で不動態化して表面が酸化しますが材質が脆くなるため、焼なましは真空中で行います。Taは同素体を持ち、常温で安定なαTaは体心立方格子を示します。そのため、展延性に富み圧延加工は比較的に容易です。板金加工、切削加工、電気溶接も可能です。

Taは耐食性が極めて優れた金属であり、とくに酸に対して安定し、フッ酸（水素とフッ素の化合物、HF）以外には侵されません。この良好な性質を有するため化学工業における耐熱材料として塩酸吸収装置、硫酸濃縮装置、酸洗いタンク、Crメッキ装置、人絹製造装置などに広く使用しています。高融点および高温強度が高いこと、O_2、H_2、N_2ガスなどの吸収能力があることから、ガスポケットを使用しないまま真空を形成しやすいため、電子管材料に応用していますし、板材や箔材に加工したとき表面に不動態化した酸化物Ta_2O_5の皮膜が優れた透電性を持つため、電解コンデンサに使用しています。

Taは炭化物形成元素としてCと化合して炭化タンタルを造ります。炭化タンタルは、ダイヤモンドの次に硬度が高い物質です。また、炭化タンタルの融点はTa_2Cが3400℃、TaCが3877℃と極めて高い温度になります。この融点はNbCの3500℃と近似し、TiC（3140℃）を除いて3000℃を超える炭化物は他に存在しませんから、TaCが最高温度を示します。一般に炭化物は高融点である以外に非常に硬質です。このため炭化タンタル粉末を焼結して耐熱材料として使用する分野があります。

Taは金属材料としての貢献は少なく、現在ハフニウム（Hf）とタングステン（W）の新しい合金化の研究が進んでいます。

生体上は無害であるため歯科用インプラントや人工骨の合金に使っています。

全世界の生産は８１５トン（２００７年 U.S Geological Surveyより）でありオーストラリアが54%、ブラジルが22%と産地が偏在しています。とくにオーストラリアのJalison Minerals社は独占的な生産を行っています。一般にTaは酸化物（Ta_2O_5）として輸出しています。

一口メモ

高融点金属：Fe以上に高い融点を持つ金属には、Ta、Nb、V、W、Moなどがある。

Ta（タンタル）

遷移元素
金属元素
Ta

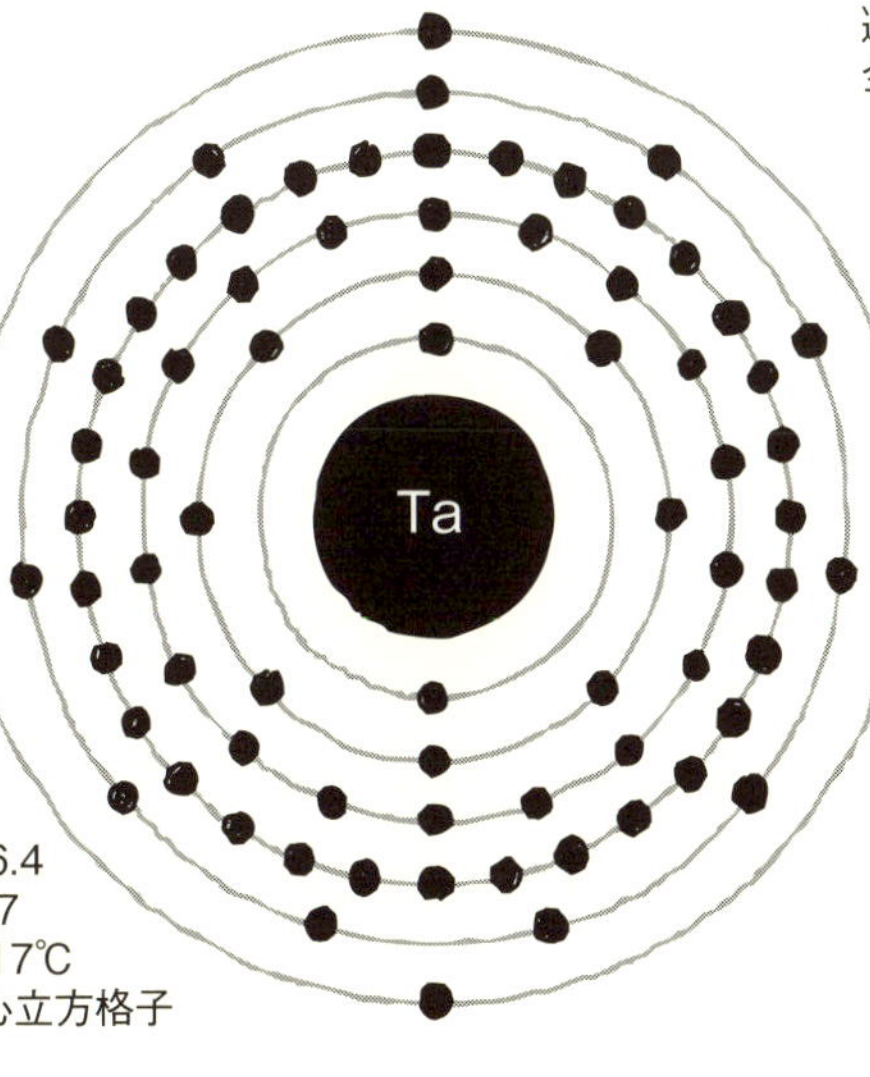

原子番号：73
原 子 量：106.4
密　　度：16.7
融　　点：3017℃
結晶構造：体心立方格子

リヤカーを引いて回る魚屋さんがチキリ（杠秤）を使っていました。チキリは一種の天秤棒を利用した計器で、竿秤とも呼びます。天秤棒に作用点のフック、中程に支点の働きをする下げ緒、反対側に重りを下げます。分銅が水平より跳ね上がると正しい重さよりフックに掛けた魚の重さが重くなりますから、その時の重さを素早く読みとり、「おまけだよ」と言ってくれました。懐かしい情景一つです。

Column

分銅

分銅は質量の基準になります。計測時にこれがないと正確に計れない重要品であり、計量法によりさまざまな形状や基準の重さを決めています。計量は定められた公的な検定所で国家資格を持つ計量士が行い、機器の誤差（器差）が決められた公差内にあるかどうかを判定し証明します。この機器の計量を行う基準が分銅です。分銅は数種があり、その中では一般に実用標準分銅を使用しています。

分銅の重さは1mgから大型では数トンもあり、形状は板状分銅、円筒型分銅、円盤型分銅、増重り型分銅、大型では枕型分銅があります。分銅の等級にはF1級、F2級、M1級、M2級があり、たとえば1mg分銅の誤差の許容値はF1級で±0.020mgと非常に小さい値になっています。

分銅の材質はステンレス鋼、黄銅、クロムメッキ品、鋳鉄、Al、洋銀（洋白、Cu-Zn-Ni合金）などがあります。分銅に要求される特性は、耐摩耗性と耐食性が必要であり、経年により質量が変化しないことです。これらの材質を選択し、常に正常な状態を維持するために保管時には部屋の温度や湿度の管理が必要です。

MEMO

第6章
金属に欠かせない合金元素

28 ニッケル（Ni）
―鋼への添加で強度や耐熱性を向上―

ニッケル（Ni）はFeと同じく遷移元素で金属材料として重要な元素です。金属Niは銀色を呈し、結晶構造が面心立方格子ですから常温の塑性加工に優秀であり、磁性を有します。Niを常温で加工すると引張強さが向上し、たとえば１００％の加工度では60％増加しますが、靭性は低下します。密度は８・９でFeよりやや重く、融点は１４５５℃とFeよりやや低いですが、耐食性に優れます。

Niは鉱石が蛇紋岩の鉱脈にあり、珪《ケイ》ニッケル鉱（ガーニエライト、$(Ni,Mg)_3(Si_2O_5(OH)_4)$）や磁硫鉄鉱石のペントランド鉱（Ni_9S_8）を精錬します。日本では、第2次大戦前まで国内の産出がありましたが枯渇し、世界的にはロシア、カナダ、オーストラリア、インドネシア、ニューカレドニアで約6割を占めます。

Niは製鋼時にフェロニッケルとして添加し成分調整を行います。次に有名なオーステナイト系ステンレス鋼は18-8鋼と称し、基本の組成が８％の高いNiを含有します（18はクロム（Cr）含有）。Niを含有する機械構造用鋼として多くの種類をＪＩＳに規定しています。FeにNiを添加すると基地のフェライトを強化し、熱処理時の焼入性を飛躍的に向上します。たとえば、ニッケルクロム鋼、ニッケルクロムモリブデン鋼は優れた焼入性を示すため大型部品に最適であり、合金鋼の中では機械的性質が最も優れます。引張強さが大きいだけでなく、靭性が豊かであることが機械用部品に使用される理由です。

ニッケル鋼はＪＩＳに規定しませんが、上記のNi含有合金と同じく、Niが低温脆性に対して極めて効果的です。鋼の性質が低温とともに脆化する現象がありますが、Niを含有する鋼はその影響が微弱で靭性を保ちます。

北海道でも実績があった土木建築用の掘削機械を旧ソ連に輸出したとき、時間を経ずして直径３００㎜（最大負荷トルク５００ＫＮｍ）の太丸材が折損した経験があります。熱処理時に焼戻温度を高めて充分に靭性を確保したNi合金鋼でしたが、シベリアで使用する周囲温度がマイナス60℃以下であったために脆化して耐えられなかったのです。対策はNi含有量を多くしたニッケルクロムモリブデン鋼に代えて以降の事故を回避することができました。

Ni-Cr鋼は高温における強度と耐熱性があり、耐食用合金として多種製造しています。熱処理用の浸炭炉は炉内温度を常時９３０℃に設定して使用していました。炉内の温度を均一にするためにはファンを回して撹拌する必要があり、炉外部の電動機で直結した4枚羽根のファンを24時間連続して回転しました。正月休みに炉を止め、炉を自然に冷却したあと定期補修をします。この際にファンの羽根の保守点検を行う必要がありました。ファンは通常３～４年使用しますが、何かの異常が生じて羽根に亀裂が生じて短期的に稼働中に破断すると、製品に衝突してキズが付いてお釈迦になるため事前に交換することが重要です。

ファンの材質はFe-25Cr-20Ni鋼で一体物を鋳造工場に依頼して鋳込み、機械加工したあと静バランスを取ります。炉は冷却したと言っても内部はまだ40℃を超えます。冬の季節でしたが、この作業は職長自ら率先垂範を旗印にして見本を示しましたが、耐熱服を通して焼けるように暑く相当骨が折れました。この合金鋼は極めて優れた耐熱鋼でした。

ＪＩＳは耐熱鋼棒と耐熱鋼板として40数種を規定しています。大きく分類すると、ステンレス鋼と類似したオーステナイト系、マルテンサイト系、フェライト系の３種類です。たとえばオーステナイト系耐熱鋼はNi35%、Crが25%までの含有量の中で種々規定し、マルテンサイト系耐熱鋼はNiは微量ながらCrを20%と高め、フェライト系耐熱鋼はNiは含まずCrが25%以下です。

ＪＩＳ規格には機械的性質を表示しますが、耐熱使用温度は定めていません。オーステナイト系耐熱鋼はステンレス鋼と同じく粒界腐食しやすいため１０００

～1200℃で溶体化処理を行います。なお耐熱鋼にマルテンサイト系があるのは不思議と思うでしょうが、焼入れ後の焼戻温度は600～800℃が上限ですから、その温度以下の雰囲気で使用できます。

Niは鋼への添加以外に非鉄金属にも多用されています。日本の硬貨には、アルミニウム系、銅系、Ni系があります。Ni系は50円、100円、500円に添加したCu-Ni合金でキュプロニッケル（別称は白銅）です。この合金は鋳造しやすく耐食性や耐摩耗性にも優れるため、硬貨として適性があります。

CuにNiを45％添加すると電気抵抗が低下する特性があり、また耐食性と耐熱性が高いため精密興隆計測器や配電盤用の抵抗腺に使用し、コンスタンタンなどの熱電対の他に熱電対用補償導線に適しています。Cu添加が少ないNi-Cu合金はモネルメタルが得られ、この合金は耐食性があるだけでなく機械的性質と展延性に優れるため容易に圧延加工して板や棒、線材に加工でき、鋳造性も良好であるため広範囲に各種の用途に向けています。

NiにFeを22％添加した合金であるパーマロイは、熱処理して高い透磁率が得られるためヒステレス損失が極めて少なくなります。この他にNi-Fe合金は整磁が可能な恒透磁率合金として海底電話ケーブルに有効であり、一方特殊な合金に磁化すると寸法変化を生じる磁わい合金が製造できます。

Ni-Fe合金は粉末冶金で製造した磁心や、バイメタルや時計部品用のアンバー合金、温度計数値に影響しないエリンバー合金がとくに有名です。

Niは耐食用合金として多種製造しています。その例はNi-Mo合金のハステロイ、Ni-Cr合金のインコネル、Ni-Cr-Mo-Cu合金のイリウム、Ni-Cr-Fe-Mo合金のジュリメットやウォーサイトです。いずれも各種の酸に対して異なる酸化を示しますから選択して使い分ける必要があります。

この他には耐高温酸化性合金のNi-Cr合金、Ni-Cr-Fe合金、Ni-Fe-Cr合金があります。これらは電熱線として極めて優秀で1200℃に耐える種類があります。

Ni-Ti-合金は現在各方面で実用している形状記憶合金です。Tiの添加量によって記憶を回復する温度に差異がありますから、使用温度を制御できます。

またNiはニッケル水素蓄電池やニッケルカドニウム電池として陽極材に使用します。

最近NiがH_2を吸収する性質を利用した水素吸蔵合金が開発されました。吸収原理はH_2が結晶構造の面心立方格子内の原子間の空隙に入り込む侵入型固溶体に類似した現象によるものです。条件がありますが、将来の燃料電池車の発展にとって起爆剤になると予測できます。

酸化ニッケル（NiO）は陶磁器の緑色着色剤や触媒用として、塩化ニッケル（$NiCl_2$）はニッケルメッキに使用します。

Niは吸引による肺疾患や経口による内臓各部の発癌の危険が指摘されています。また暴露による皮膚障害が認められ、Niを取扱う職場の安全上の管理が必要です。

Ni（ニッケル）

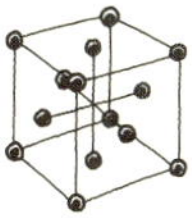

遷移元素
金属元素
Ni

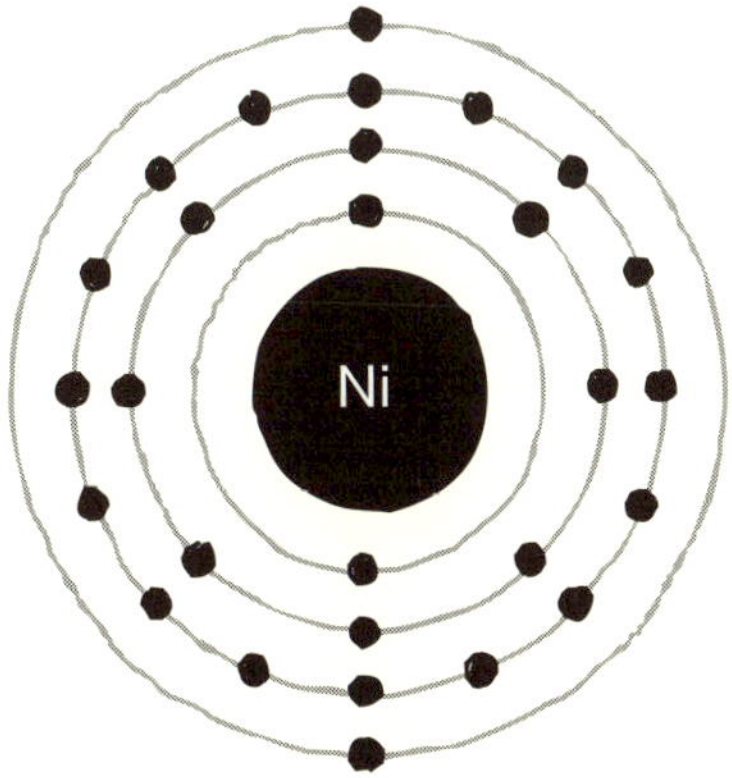

原子番号：28
原 子 量：58.69
密　　度：8.9
融　　点：1455℃
結晶構造：面心立方格子

29 クロム（Cr）
―優れた耐食性を利用―

クロム（Cr）は金属材料になくてはならない元素です。密度はFeよりやや少ない7・19で、融点が1907℃と高く、金属は銀白色を示します。結晶構造は体心立方格子ですから、その種類と同じように硬質であり、表面は酸化してすぐ不動態化するので、強い不銹性を示します。

Crを含む鉱石は紅鉛鉱（クロム酸鉛、$PbCrO_4$）であり、不純物の種類と含有量に影響され紅や緑色を示します。宝石のルビーは美しい赤色ですがこれは酸化クロムが含有するからです。エメラルドはベースがベリリウム（Be）と酸化ケイ素との化合物ですが、不純物として酸化クロムを含有すると緑色を呈します。

Crの金属材料としての用途は広範囲です。製鋼時にフェロクロムとして添加し合金化しますが、これはFeに添加した時、基地のフェライトを強化するのみならず、焼入性を改善します。JISに規定し実績がある機械構造用合金鋼は多くの種類があり、Crが不可欠の元素です。クロム鋼、マンガンクロム鋼、ニッケルクロム鋼、クロムモリブデン鋼、ニッケルクロムモリブデン鋼は代表的な合金です。

Crの合金として代表的なのは高速度鋼です。18－4－1鋼の4は基本的なハイスの構成成分であるCrの含有量です。高速度鋼の発明によって、Crの需要が急造しました。

ステンレス鋼はすべての種類（フェライト系、マルテンサイト系、オーステナイト系）にCrを添加して耐食性を高めています。ただし、Crは濃度が高い硝酸や、金（Au）を溶かす王水（硝酸1：塩酸3の混合液）には優れた耐食性を示しますが、希塩酸や希硫酸に可溶します。耐食性が最も優れるオーステナイト系ステンレス鋼は炭化物（$Cr_{23}C_6$、Cr_7C_3、Cr_3C_2）が結晶粒界に析出すると粒間腐食を生じるため、C含有量を低減するか、CrよりもっとCと化合しやすい元素（Vなど）を同時に添加してその析出を防止しています。成分調整以外の防止法はステンレス鋼を1000〜1100℃に加熱して炭化物をフェライト基地中に固溶したまま急冷して析出を抑える熱処理の操作で、溶体化処理あるいは水靭処理と呼びます。欠点は加熱時の変形があることです。

Crは金属光沢があり耐食性を持つため古くからメッキに利用されてきました。Crメッキは酸化クロム（CrO、Cr_2O_3、CrO_3）の硫酸溶液をメッキ浴に使用し、被メッキ材を陰極、PbあるいはPb合金を陽極に使用して通電する方法で、多くの用途があります。

酸化クロムは緑色から黒色を帯びた結晶で、主に顔料や研磨剤に使用します。クロム酸カリウム（K_2CrO_4）は黄色の結晶で毒物ですが、酸化剤や染料の助剤に使用します。金属Crは人体に対して無毒であるだけでなく、代謝作用に強く影響するとされ生体上の有効性が確認されています。

Cr（クロム）

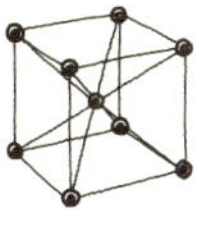

遷移元素
金属元素
Cr

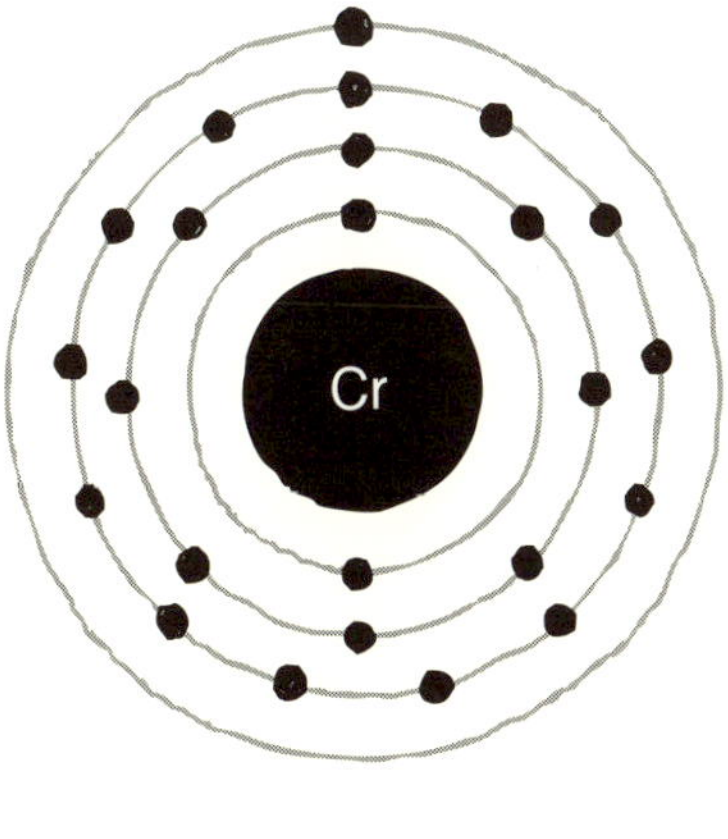

原子番号：24
原 子 量：52.00
密　　度：7.19
融　　点：1907℃
結晶構造：体心立方格子

30 マンガン（Mn）
——鋼に添加し低位で焼入性を向上——

マンガン（Mn）は軟マンガン鉱（MnO_2）や菱マンガン鉱（$MnCO_3$）から精錬して採取します。国内各地に鉱山がありましたが、現在は工業用としてほとんど採掘していません。しかし、マンガン団鉱が深海に無尽蔵に埋没しているとされていますから、原料不足の心配はありません。

Mnは結晶構造が体心立方格子であり、密度7・21、融点１２４６℃です。しかし、温度により相変化を生じて４種の同素体（αマンガン、βマンガン、γマンガン、δマンガン）に変化し、高温で安定な３種類（β、γ、δマンガン）は異なる磁性を帯びます。常温のMnは空気および水と反応し容易に酸化物を形成する反応性がある銀白色の金属元素です。

Mnの金属材料への利用は多くの事例があります。製鋼時にフェロマンガンとして添加し、溶融中の不純物と化合させてスラグとして浮遊除去します。また鋼ではFeの５元素の１成分として必要なMn含有量を調整します。溶鋼中の酸素を除去するためにO_2との反応性を利用して、Al粉末とともに脱酸素剤（脱酸剤）として使用し、キルド鋼を製造します。

Mnは鋼に添加したときフェライト基地を強化するとともに、合金鋼として焼入性を向上します。ＪＩＳに規定した機械構造用合金鋼はマンガン鋼、クロムマンガン鋼があります。ただし、焼入性はNi、Cr、Moなどの添加元素と比較すると低位ですから、小物部品用として自動車用に多用しています。これはMn入り合金鋼が安価である理由によります。

Mnが一般に普及した商品はマンガン電池への利用でしょう。Mnは二酸化マンガンとして電池の正極に使用します。これはMnがZnに対して、Znがイオン化するときの電気エネルギーを利用する原理です。しかし、マンガン電池は1回しか使えない化学電池で、最近は寿命の点から他のリチウム電池などに代替が進んでいます。

Mnは Feあるいは Znと合金化してフェライト基地を生成させて、これをトランスなどの磁性材料として利用しています。

Mn化合物の代表である二酸化マンガン（MnO_2）は前述したように乾電池、ガラスの色消しに酸化剤、過酸化水素水からO_2を発生させる際の触媒などに使う他、顔料にも応用します。過マンガン酸カリウム（$KMnO_4$）は紫色の呈する結晶で強力な酸化剤あるいは殺菌剤として利用します。また染料や消臭剤としても有効です。

Mnは生体には代謝や骨格形成などに必須のミネラル成分とされていますが、多くは飲料水などから必要量を摂取していますから、食物に注意を払うことはありません。

Mn（マンガン）

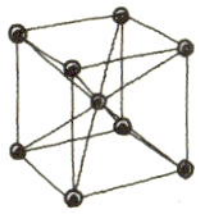

遷移元素
金属元素
Mn

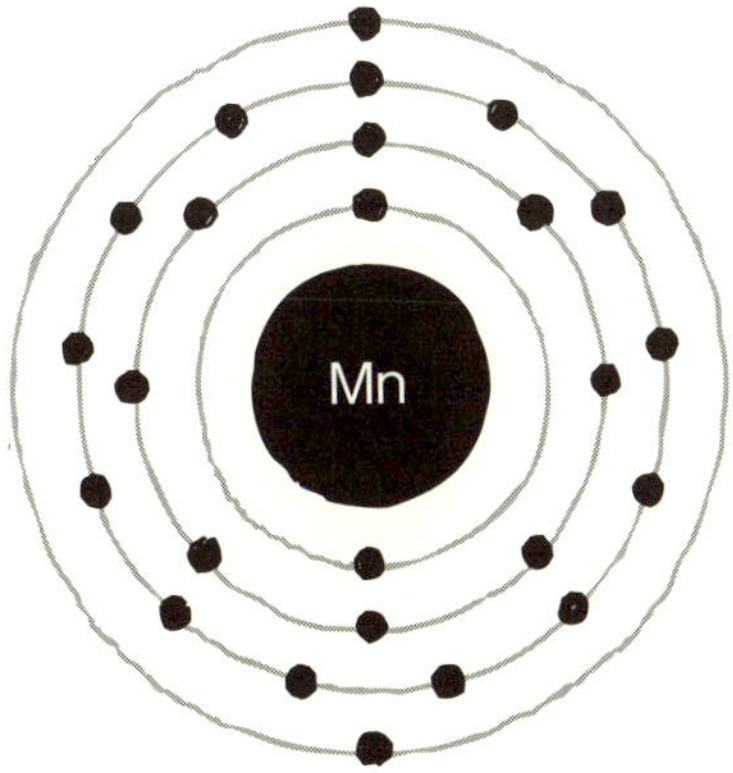

原子番号：25
原 子 量：54.94
密　　度：7.21
融　　点：1246℃
結晶構造：体心立方格子

31 タングステン（W）
——融点が最も高く、最も重い元素——

タングステン（W）が人類に及ぼした影響は少なくありません。1879年にエジソンが発明した電灯は当初京都・石清水八幡宮の竹を炭化した線材（フィラメント）を使用しましたが、寿命が短期で照度が低かったため、1910年クーリッジがその代替にWを使って電球を造り、抜群な効果を発揮しました。

これは高融点金属のWが加熱して発光する現象を白熱電球として利用しました。今までこの金属を使用した電球は100年以上もロングセラー商品として世界各地で利用されてきましたが、数年前に国内白熱電球の有力メーカーが生産を止め、代わりにLED電球の製造に変更しました。

Wの性質は金属の中でも特異的であり、密度が金（Au）と同じ19・3と最高値を示し、結晶構造が体心立方格子であるため非常に硬質ですから、スウェーデンで初めて発見されたときに「重い石」という意味をもつタングステンとネーミングされました。融点が3410℃と元素の中では最も高く、高融点金属の1つです。そのためW材は粉末を焼結して製造します。最近は、電子ビームにより溶解したインゴットを作り始めていますが、まだ工業化していません。

Wはフィラメントとして使う他に、W‐20Ag系合金が電気接点に、50W‐50Mo系合金および55W‐45Mo系合金が真空管に、またアーク炉の電極やX線管球の対陰極に使用します。ヘビィ・メタルは（83‐96）W‐（0・5‐13・5）Cu‐（3・5‐16・5）Ni合金をバランシィングマシンや自動巻腕時計に使います。

Wをさらに必要不可欠にしたのはV、Cr、Moの項で紹介した高速度鋼です。18‐4‐1鋼の別名の通り、W18（%、以下同じ）、Cr4、V1を含有する鋼です。

この鋼は切削工具として、耐熱、耐摩耗、靭性に優れ、従来の切削工具鋼に比較して切削速度を大きくして生産性を高めることができるため、飛躍的に機械加工分野で脚光を浴びました。現在は粉末を焼結した超硬合金とセラミックスが高速度鋼よりさらに切削速度を向上させていますが、高速度鋼はそれらの材料と比較して最も靭性が大きいため折れにくく、難切削材への使用には今でも欠かすことができません。

高速度鋼は合金元素を多く含有しますからFe基地のフェライトを強化し、基地中にはＷＣ、$Cr_{23}C_6$、ＶＣ炭化物が分布するため、さらに強度と耐摩耗性を兼備します。また高速度鋼は焼入性が優れています。しかし、焼入れは高度な技術が必要です。それは含有する成分の熱伝導が低いため、芯部まで充分に加熱するまで時間がかかり急速加熱すると割れを生じます。また焼入温度が１３００℃を超える高温であり、この間表面の脱炭や酸化防止に配慮する必要があるからです。１３００℃の火色は輝白色で、裸眼で見ることはできません。焼入れしたあとは５５０～６８０℃で焼戻します。この時特定の焼戻温度で処理すると、焼入れ時よりさらに硬さが増す現象が起こります。これは二次硬化という現象です。したがって使用時の切削熱により加熱されてもこの温度以下であれば硬さの低下はなく、高速度鋼が耐摩耗性に富む１つの要因になっています。

Ｗは極めて硬質なので、現在でも砲弾、撤甲弾、戦車の防弾板など兵器へ使用されています。そのためＷは世界的に供給不足ですが、産出地域は偏在していて、中国が世界の９割弱を独占しています。日本では京都、兵庫にＷ鉱があり最近まで採掘していました。

Ｗですぐ想い出す事件は戦争中の悲劇です。日本は当時イタリア、ドイツと日独伊３国同盟を締結し、相互に技術者や軍人の派遣、兵器の開発を推進していました。しかし、交流するためには人的な移動を航空機と艦船に頼る他はありません。航空機はすでにイタリアと日本が無着陸飛行できる機種を開発していましたから、試験的に往来した経緯があります。しかし、航空機の利用はソ連上空を飛べないなど諸条件が折り合わず、他の手段を検討していたのです。代わりに採用した方法が世界最大の能力を持つ日本の潜水艦でした。

世界各国の潜水艦の仕様は日本製と比較して非常に小さくアメリカの潜水艦およびドイツのUボートがそれぞれ700トンクラスでしたが、日本の伊号は2000トンの超大型で小型機も数機載せることができました。

最初の渡欧は昭和17年、伊第30号潜水艦（2200トン、乗員200名）が喜望峰を経由して1万5000海里（3万km）を走破しドイツ占領下のフランス・ロリアン港に辿り着いたのです。搭載物は日本の最新鋭の哨戒機を始め、ドイツが不足するコプラ、ゴム、麻、それに渇望するほど欲求したWでした。送り届けた帰途、日本が占領中のシンガポール港で機雷に振れて沈没しますが、後続の潜水艦が何度もWをドイツへ潜水艦で運び、帰途は日本が未開発技術の電探機器などの新兵器や図面、技術者と軍人を乗せて深海を進行しました。

この実録は吉村昭著『深海の使者』（文春文庫）に詳述されています。限られた潜水艦の空間の中で命を掛けて目的を完遂しようとする数々の努力に心を打たれます。

W（タングステン）

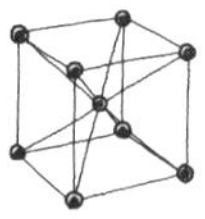

遷移元素
金属元素
W

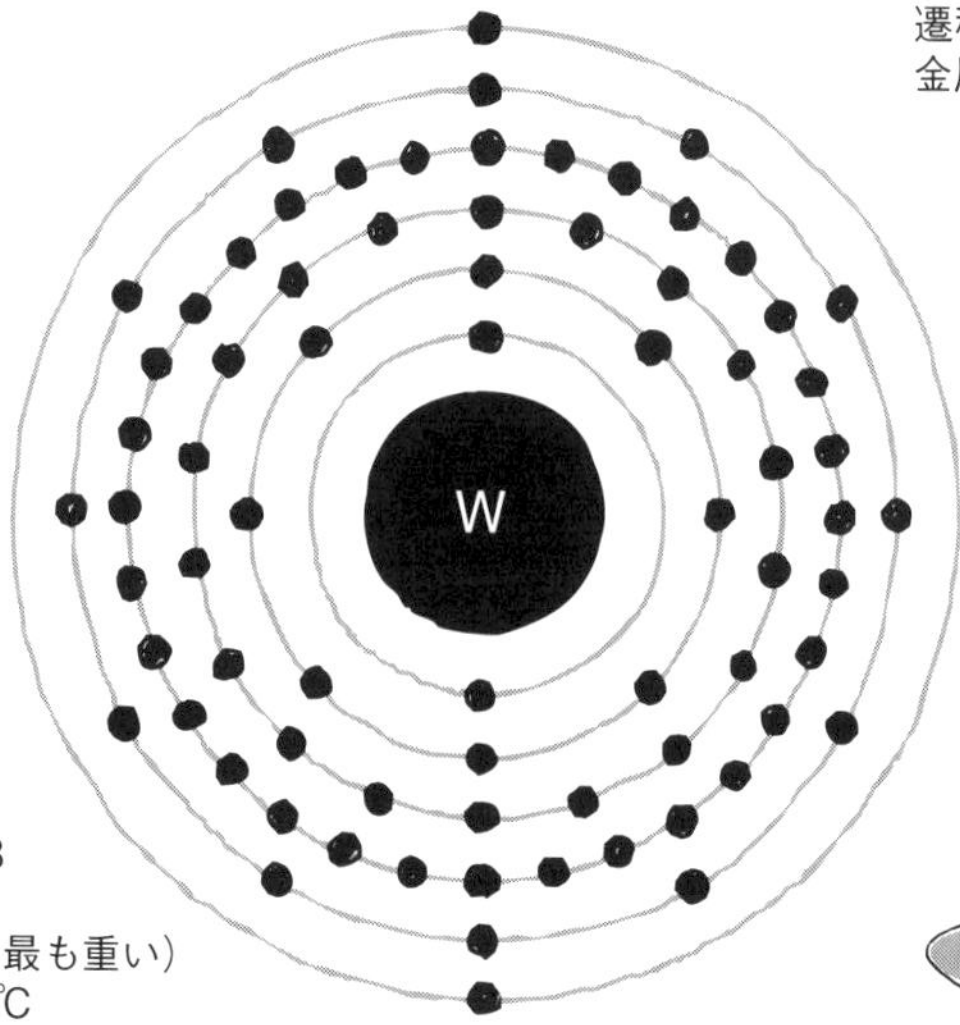

原子番号：74
原 子 量：183.8
密　　度：19.3
（※Auと同じで、最も重い）
融　　点：3410℃
結晶構造：体心立方格子

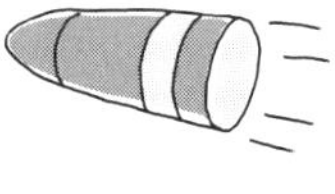

コーヒーブレイク

富山高岡は昔から地場産業として非鉄金属加工業が繁栄しています。銅製品のみならず、スズ製品の多様化が進み、最近はヨーロッパへ輸出しています。

もともとこの地区で製造する非鉄金属製の商品は、伝統的な美と付加価値を追求した商品ばかりでした。しかし、景気の変動などによって需要が落ち込み、きゅうきゅうとしていました。このままでは廃業へのカウントダウンも予想されるほど沈滞したため、日夜検討した結果、新しい商品企画としてスズの可塑性を活かしたモノ作りの分野を開発することに挑戦しました。それは従来までの既製品を固定して販売する方法から離れて、消費者にモノ作りに参加して貰う取り組みを商品の中に加味することでした。

スズは軽い外力でしなやかに変形します。そこで地場の企業は加工しやすいように成形した薄いスズ板やバーを販売します。消費者はこれを折り曲げ延ばして柔軟に変形加工し、容器、花瓶、皿、置物などを作ります。個人の意志で自由に形を作りますから、2つとない付加価値性を含む商品ができあがります。ヨーロッパのメッセに見本を出した時は、多くの観客の人気を集め、個性溢れるモノ作りに参加させながら販売する戦略に大成功を収め、衰退から活況に大きく転じた実例です。

スズの特性を
活かして、
見事、地場産業を
回復させたん
じゃのう

32 バナジウム（V）

——製鋼時の添加や触媒としてほとんどを利用——

バナジウム（V）の一般特性は密度が6・0、融点が1726℃と高温で、タンタル（Ta）やニオブ（Nb）に似た金属です。結晶構造は体心立方格子ですが常温加工性に優れます。耐食性に関しては、還元性の酸類に対しては抵抗がありますが、酸化性の酸には弱い欠点があります。海水に対しては点食を生じませんが、全面に侵食されます。耐熱性はNbに劣り、500℃を超えると強度の低下が著しくなります。

Vは鉱山と称する鉱床がないので、採掘して得られた鉱石による精錬は困難です。使用する鉱石は褐鉛鉱（$Pb_5(VO_4)_3$）、カルノー石（$_2(UO_2)_2(VO_4)_2$）およびパトロン石（V_2S_5）であり、世界的には偏在して埋蔵し、現在は主に南アフリカ、中国で産出されています。また、Vは他の精錬時に副産物として得られます。Vの精錬は塩化バナジウム（VCl）をH_2で還元する方法を経て、現在は金属Caを使用した還元法により純Vを製造しています。

一方で、Vは海水や原油中に含有することが突き止められています。これはVが生物の体内に濃縮しやすい性質があるためで、今後の精錬法の開発が期待できます。

Vは製鋼時の添加や触媒としてそのほとんどを消費します。Feと化合したVCは微細な結晶粒を形成し、強度および靭性の向上に効果的です。また弾性率対比重が非常に大きいことや、磁化率が小さいこと、耐食性などの特徴を活かしてこれから船舶装置、計器類への用途が期待されています。またVはフェロバナジウムの形で機械構造用合金鋼や合金工具鋼に添加しています。

高張力鋼は現在2000MPaを超える強度材が通常

的に使用されるようになり、製造販売は日本の独壇場です。その用途は橋梁、建築物の骨格、船舶、石油輸送管であり、焼入れ焼戻しの熱処理を施工する必要がないため、溶接に適しています。Vを添加した鋼は焼入性が優秀であるため大型工具鋼材に向き、靭性が大きいことから対衝撃材としても優秀です。一般にVを添加した鋼はバナジウム鋼と呼びます。この他にも多くの合金鋼の添加元素に利用される貴重な元素です。

　高速度鋼（Hgh Speed Steel、ハイス）は別称18－4－1鋼といい、1はハイスのV含有量を示し基本の構成成分になる重要な元素です。VにTiを添加した合金は耐熱性が高くて内燃機関の部品に応用し、最近では超電導材製造の一翼を担っています。

一口メモ

点食：ピッティングコロージョンとも言い、金属表面の点状の欠損から起きる腐食。

焼入性：鋼を焼入れしたとき、焼きが内部に入る深さを示す。

V（バナジウム）

遷移元素
金属元素

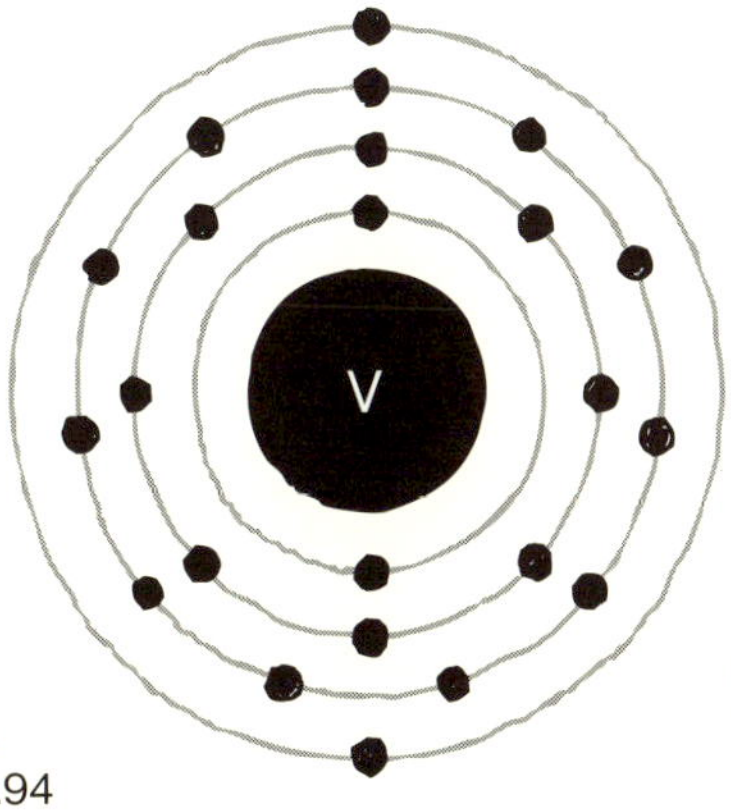

原子番号：23
原 子 量：50.94
密　　度：6.0
融　　点：1726℃
結晶構造：体心立方格子

　VはCと化合しやすく炭化バナジウム（V_4C_3）を形成します。Cと化合しやすい元素を炭化物形成元素と言い、他にはCr、Ti、Mo、W、Nbなどがあります。一般的にこれらの炭化物は融点が極めて高いため耐熱用として利用されます。

33 コバルト(Co)
——青色を添加する元素として有名——

コバルト（Co）と聞けば空の色、紺碧の空など、清々しい青々とした色を思い浮かべるでしょう。これはコバルトブルーと称する顔料（アルミン酸コバルト $CoAl_2O_4$ あるいは酸化コバルト系化合物 $CoO・Al_2O_3$）から表現したもので、安定した見事な明るい青色を呈します。絵の具は配剤にコバルトブルーを中心に入れています。

CoはFeと同じ鉄族元素です。鉄族元素には、他にNiがあります。これらの元素は常温ですべて強磁性を示し、遷移元素と称されます。Coの性質は、密度が８・９、融点が１４９５℃、常温の結晶構造は六方晶ですが、温度が上がると面心立方格子を示す同素体を持ちます。金属は銀白色を呈して、酸やアルカリに対して強い抵抗性があります。

Coは地殻中の埋蔵が少なく、世界的にはコンゴ共和国が世界産出の半分を占めるほど偏在しています。

Coは鋼以外に数々のコバルト合金があります。多くは他の高融点金属（Ta、W、Nb、Cr、Wなど）との合金であり、耐食性、耐熱性、耐摩耗性、高靱性、高温強さを要求する内燃機関部品、炉材に使っています。高速度鋼にはW、CrについでCoを添加している種類があります。

Coは強磁性を示すことから、アルニコ合金がAl、Ni、Coの３元系合金で鋳造した強力な磁石として一時代に主流として使用した経緯がありますが、現在はフェライト磁石に代替しました。

超硬合金の焼結時に粉末粒子を結合するために、Coを添加し結合剤として用いています。

Co化合物のうちケイ酸コバルト（Co_2O_4Si）は瓶の色付けに多用し、青い色をした瓶類は多くがこの原料を添加しています。実験室で使用するシリカゲルは研究者が使用する湿気防止剤ですが、湿気を吸収するにつれて青色がやがてピンクに変色し、使用限界を確認できます。これはシリカゲルに塩化コバルト（$CoCl_2$）を混合しているためです。

コバルト60は放射性を示すCoの同素体であり、γ線を利用して材料内部の非破壊検査に応用し、食材ではジャガイモの保存のため発芽の防止に利用します。

Coは吸引すると急性アレルギー、喘息あるいは呼吸系疾患、神経系や全内臓の障害を生じ、発癌物質の一つとなっています。

一口メモ

遷移元素：周期表の第3属から第11属元素のすべてを含む元素の総称で、元素単体は高融点と硬質な性質を持ち、常温で磁性を示す元素が多い。

Co（コバルト）

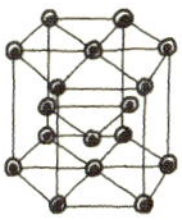

遷移元素
金属元素
Co

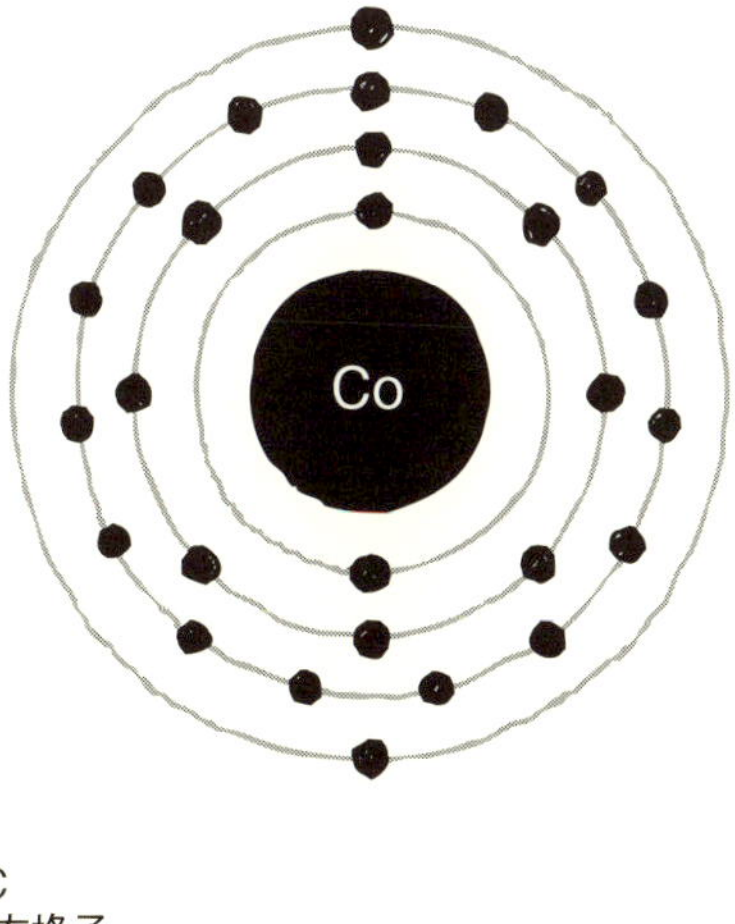

原子番号：27
原 子 量：58.93
密　　度：8.9
融　　点：1495℃
結晶構造：稠密六方格子

そのような環境を改善しようと上司および担当部署に意見を具申し、この残材を選別したいと申し入れました。最初は金が掛かるから機器分析ができないと反対されましたが、試験が簡易作業で簡単なこと、工場で使用した経緯がある限定した材質だから、多くが正確に判別できることを説き、周囲を理解させました。

Column

スリーピング鋼材始末

熱処理工場には数名が「鋼の火花試験方法」（JISに規定）を習熟し、材料の検査を行っていました。ロットを標準作業で熱処理したあとの出荷検査で、数本が規定通りの硬さに及ばない事例が出た時、火花試験方法で材質の検査を行うと、よく異種材が混入していたことがあり、原因がわかりました。前工程において、材料切断時のミスの他に、機械工場でお釈迦になったときに異種材を補充して員数を揃えたか、あるいは削り過ぎて肉盛り溶接をした例などさまざまでした。鋼の火花試験方法は簡易な作業によって材質を正確に特定できたので、極めて便利な定性分析になりました。

この試験方法は私が監督した時期に、熱処理作業者の全員に対して仕事の合間を利用して2、3カ月に渡って練習させ、ほぼ40名の全員が熟達しました。工場内の鋼材払い出しのヤードには数十年間に渡って使った残材がスリーピングのまま山高く積まれていました。この残材は材質を明示する塗料が剥がれ、刻印が消えていましたからまったく材質がわからないままで、いつ使うとも予定はない状態でした。いずれデッドストックになり、仕舞にはスクラップとして払い出す代物になる運命です。

MEMO

第7章
金属に応用される非金属元素

34 炭素（C）
——鋼の強さを決めるキーマン——

炭素（C）は一般に馴染み深い元素です。しかも非金属元素で、鉄（Fe）になくてはならない元素です。Cは地球上の生物を構成する重要な元素であり、化石燃料である石炭や石油の主要な成分です。Cは炭素、黒鉛（グラファイト）、ダイヤモンドの相（同素体、構造）を持ち、天然に産出しています。

Cは鉛筆の芯に使用されています。鉛筆を削ると芯が粉になりますが、この粉末は光沢があり、指で擦ると真っ黒い色が付き、すべすべした滑らかな感触です。この粉を障子や襖が立つ敷居の溝に塗りつけて滑りを良くした経験があります。また使い古した乾電池を分解して中心に収まっている黒鉛棒を取り出して、コンクリート面に書くチョークにもしていました。黒鉛は純度が高いCで作られています。

Cの一般的性質は非常に多岐に渡ります。産業界に貢献している製品だけを取り上げても、インク、塗料、活性炭、コークス、黒鉛坩堝、黒鉛電極、電池、研磨剤、潤滑剤、炭素繊維など、数え上げればキリがありません。しかし、広範囲に有効である一方で、一酸化炭素（CO）、二酸化炭素（炭酸ガス、CO_2）などの化合物も生成するため、生活上の環境を阻害する面もあります。

鉄あるいは鉄鋼はFeが主成分ですが、製造時に少しのCを添加するとFeの性質が大きく変化し、Fe単独と比較してさまざまな諸性質が生まれます。Feは０・０２０％未満のC含有であれば純鉄として定義し、その含有量を超えて２・06％までの範囲のFeを鋼としています。さらにCがそれ以上含有すれば鋳鉄となり、６・67％を上限に定めています。数字の２・06あるいは６・67はFeとCの間で、温度とそれぞれの濃度によって決定するFe-C2元系平衡状態図から求めた値です。

純鉄は軟らかいため、板やシート、箔あるいは線材に加工しやすいという特徴があります。このように加工が容易な性質のうち前者の薄く箔状に広げられる性質を展性、後者の細長く線状に引き伸ばせる性質を延性とし、合わせて展延性として評価しています。

Cは鋼内の含有の多少により、軟鋼から硬鋼の範囲を細かく分けて表しています。FeはCの含有量が増加するとともに、機械的性質のうち、たとえば硬さと引張強さが上昇します。硬さと引張強さは同じ性質の傾向を持ちます。そのため強い鋼はC含有量を増しますが、強さの向上には限界があり、およそ1・2％（重量比、以下同じ）でほぼ飽和します。

しかし、一方で強さと裏腹に靭り強さを示す、のび、絞り、衝撃値が低下します。これらの性質は靭性で評価し、鋼に要求する強さと靭性が互いに相反します。鋼材を選定し強靭鋼を製造するには、Cの適正な含有量を考慮して熱処理を行います。鋼は溶解した後に注湯してインゴット（鋼塊）を造り、鍛造や圧延工程を経て鍛錬（熱間加工）し、同時に使用に適する成形を行い市場に供します。

CはFe中に2・06％を超えて含有すると材質が鋳鉄になります。鋳鉄は溶解したあと鋳型に鋳込み冷却したままのFeです。Cが多いため加熱して熱間加工することはできないほど脆い基地になります。すなわち鋳鉄は脆性を示します。しかし、鋳鉄は一方で優秀な特性を有しています。鋳鉄は鋼に対して融点が低いため、コークスを使用することなく石炭や木炭でも溶解が可能であり、国内各地で製造しています。注湯時に湯の流れ（流動性）が良好であり、細隙、薄い個所にもサラサラと流れ込むため、薄物の門扉やマンホールの表面模様を形作ることができます。

Cを多く含有するためにFe基地に溶解できない黒鉛が散在しますから、これが振動や衝撃を吸収し、黒鉛による滑りを改善するため、工作機械のベッドや定盤に最適な材料になります。鋳鉄は鋼に比較して強さ（引張強さ）や靭性は低位ですが、代わりに圧縮強さに優れます。また耐熱性が良好であるため、熱交換器やボイラーの外壁に使用し、薪炊きストーブには多くの実績があります。

一般に人体に害があるとされるCO_2は炭酸飲料水にリッチですが、医療分野に応用されています。炭酸水温泉がその1つです。

Cが新素材として発展する分野に炭素繊維の利用が期待されています。炭素繊維は化学繊維を炭化するか、石炭あるいは石油の副資材から製造します。炭素繊維の特性は軽量であり、極めて強度が大きいことです。耐熱性、耐摩耗性、耐食性、電気的性質に優れていますから、将来は多くの分野で鉄鋼に代わる余地があります。近年登場したボーイング社製の787航空機は、この繊維を多量に使用しているため極めて軽量であり、燃料コスト削減で他機より優位になっています。

C（炭素）

典型元素
非金属元素　C

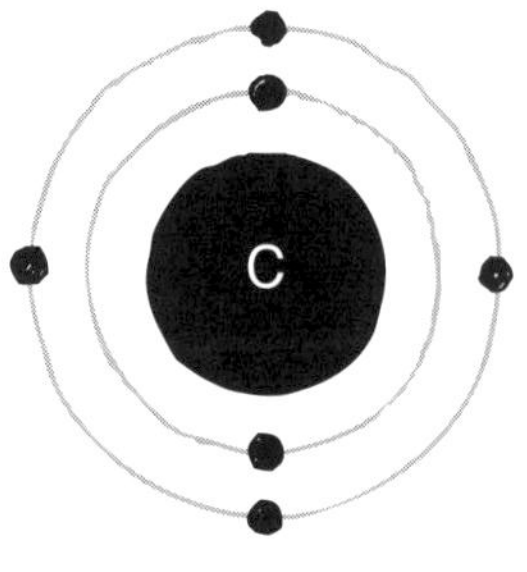

原子番号：6
原 子 量：12.011
密　　度：1.8～2.1
融　　点：なし（ただし常圧下）
構　　造：非晶質（ただし木炭など）

コーヒーブレイク

カルシウム（Ca）の最大の用途はセメントです。$CaCO_3$は古代から寺院、神殿などの建築物に多量に使用してきました。これは$CaCO_3$を粉砕したあと焼成したCaOがO_2、H_2Oあるいは空気中のCO_2と反応して硬化する性質を利用した発明で、今から数千年前に古代建築物に使っています。西欧の中世の建築物や教会は煉瓦積みです。見るたびに倒壊を心配しますが、ヨーロッパには地震が少ないと聞いていますから安心しています。この煉瓦積みの目地には石灰に水を加えて混練したモルタルや石膏（硫酸カルシウム、$CaSO_4$）を使っています。セメントに引けを取らないほどの結合力があります。

日本では$Ca(OH)_2$および$CaCO_3$をにかわあるいは海藻布海苔と混合し、水を加えて混練した漆喰を使用してきました。戦国時代以降、城壁、塀、家屋、蔵の壁は漆喰が重要な材料でした。漆喰は硬化して強化する性質の他に、防火、耐熱性を持ちます。江戸時代には商家が漆喰を使った倉庫に漆喰のナマコ壁を用いて、防火や外部からの侵入対策を採っていました。

カルシウムは
人間の骨にとっても、
大変重要な
元素なんじゃ

35 ボロン（B）
――優れた熱入性と耐熱性を付与――

ボロン（B）は別名がホウ素（硼素、B）です。六方晶系の結晶構造を取り、原子半径が極めて小さいため、他の金属の結晶構造に侵入しやすい特徴があります。Bを単独で使用する機会は稀で、多くはホウ砂（ホウ酸塩鉱物）としてガラスの原料に使います。医薬品ではホウ酸（$B(OH)_3$）と言う形で眼の洗浄剤に使用します。

鋼の内部を改質する方法は熱処理であり、その1つの方法に焼入れがあります。たとえば日本刀を成形したあと最終段階で焼入れして硬くします。焼入れはそれと同じです。焼入れすると鋼の機械的性質が向上しますが、鋼の質量によっては焼入れできる深さに限界が生じます。すなわち質量が大きくなると焼きが入る深さが浅くなります。この現象を質量効果（Mass Effect）と言います。

また焼きの深さを焼入性で評価します。一般的に焼入性を向上させるには、鋼に合金元素を添加します。合金元素の例はニッケル（Ni）、クロム（Cr）、マンガン（Mn）、モリブデン（Mo）などです。それぞれの合金元素は添加量によって焼入性の効果に差異が出ますし、使用量によっては非常に高価になります。

ところが鋼に微量（たとえば0・0005％）のBを添加すると、焼入性が非常に改善することを発見し、安価なBを添加した合金鋼が開発されて活用されています。

Bは融点が2076℃と高温であるため、耐熱性を持っています。そこでBを鋼の表面にコーティングして耐熱性を高めて焼付き防止用材として使っています。コーティングの方法は対象物をB粉末中に入れて高温で加熱するとBが鉄表面から浸透する原理のボロナイジング処理、プラズマによる焼付け、あるいはB粉末をスプレーで吹き付けるか塗布する方法など簡便な処理があります。またBは良好な電気特性を示し、ケイ素（Si）と並んで、半導体の製造に不可欠の元素であり広く産業界に貢献しています。

　Bが窒素と化合した窒化ボロン（BN）はその性質に特徴があり、金型の耐熱剤、離型剤、潤滑剤として効果を発揮するので、固体潤滑剤やファインセラミックスに応用し、BN粉末の焼結体は切削工具として使い、また、鉄あるいは鉄鋼用の研磨材として極めて有用です。ダイヤモンドは研磨材として優れていますが、C成分のダイヤモンドは鋼中のCと融着しやすい性質があり限界があるため、代替に硬質のBNを研磨材として使用しています。

　またBNは熱伝導率が極めて高く、一方で熱膨張率が低い特性を有しているため、急熱と急冷に耐える熱衝撃特性を示します。このように考えると基地は硬いと思われがちですが、黒鉛ほどの硬さであるため機械加工しやすくさまざまな分野に使われています。

B（ボロン）

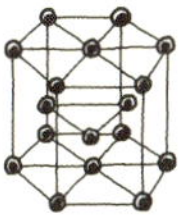

典型元素
非金属元素　B

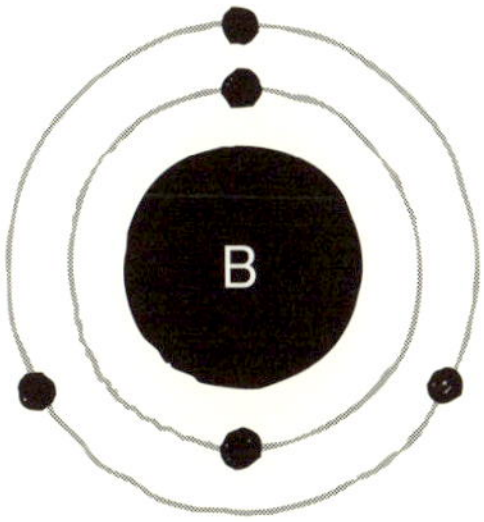

原子番号：5
原 子 量：10.81
密　　度：2.08
融　　点：2076℃
結晶構造：稠密六方格子

36 ケイ素（Si）

——鋼の添加剤から太陽電池にも利用が拡大——

ケイ素（珪素、シリコン、Si）は地殻を構成する主要な元素です。金属ではありませんが、灰色の光沢がある元素で、金属材料にとって極めて重要です。Siは密度が２・３と低いため軽く、融点は１４１４℃と高いため耐熱性があります。

角張った形状の石英は、自然のまま埋蔵し、やや半透明で美しい光沢があり、二酸化ケイ素（SiO_2）でできています。

SiO_2の形でSiを含有する植物はたくさんあります。シダ類やイネ科がそうです。またシラス台地は主成分がSiO_2で構成されています。鹿児島県にある南部大地は桜島が噴火した火山灰が幾層にも降り積もったシラス台地です。

Siには、耐熱性の他に酸やアルカリに対する抵抗性、弾性や可塑性を利用したゴム製品、接着剤などが見られます。その中で人工高分子化合物（シリコーン）は有機Si酸化物であり、加工性に富み無毒性があるため医療用に応用されています。女性の豊胸用素材もその１つです。

Siは常温では安定していますが、９００℃以上で酸素（O_2）により酸化されて化合物を生じ、１４００℃以上では窒素（N_2）と反応します。

Siの窒化化合物（Si_3N_4）はシリコンナイトライドと称して軽量で強靭なセラミックスの主要な原料です。また炭化ケイ素（SiC）は古くから開発されてカーボランダムという商品名で耐火物に使用してきました。

Siの用途は鋼の合金添加元素、製鋼時の還元剤や脱酸剤に多量に使用します。硬さ、軽量、耐熱性、化学安定性を活かして、ファインセラミックス、超微細研磨材、電気炉の発熱体に多用し、排煙集塵のエレメント、電気素子、ブレーキシューなど新たに用途が開発されています。

水晶は二酸化ケイ素（SiO_2）でできています。透明ですが、不純物に酸化鉄が混入すると紫色の美しいアメジスト（紫水晶）になります。ブラジルのリオグランデ・ド・スール州が世界的な生産量を誇っています。

Siは半導体の製造になくてはならない元素です。Siに不純物を混ぜることをドーピングと言い、この場合は不純物半導体ができます。Bを混合すると正孔が多くできてp型半導体、Pを混ぜると電子がリッチなn型半導体ができます。使用可能な電子数はSiが4個、Bが3個、Pが5個であり、接合した時、電子の過不足が生じて電流が発生します。

近年では、太陽電池にもSiが利用されています。Si系太陽電池です。原理は2種類のシリコン半導体p型とn型を接合してそこに太陽光が当たると、接合面に電子と正孔が生じ、電子はn型半導体を通過して陰極へ、正孔はp型半導体を通って陽極へ行き、電気器具に達した時に再結合して電気エネルギーを発生します。

Si（シリコン）

典型元素
非金属元素　Si

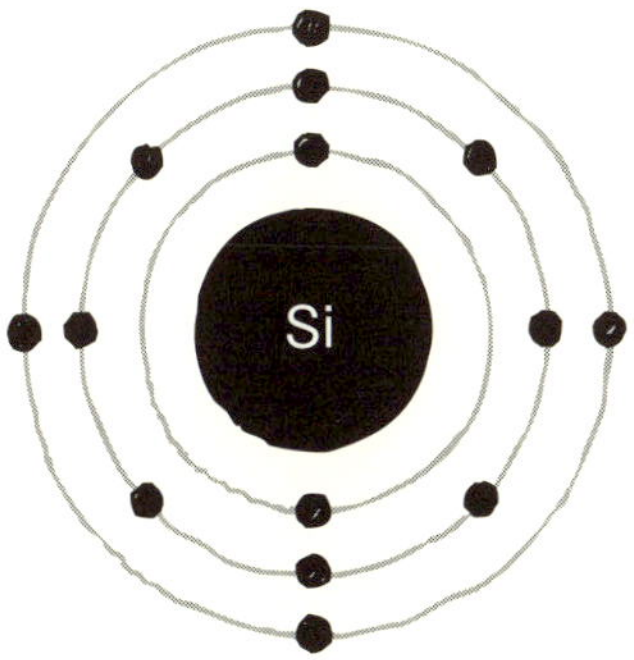

原子番号：14
原子量：28.09
密度：2.3
融点：1414℃
結晶構造：面心立方格子（ダイヤモンド構造）

37 リン（P）
―鋼質を改善する添加物―

リン（燐、P）は黄リン（白リン）と赤リン、その他の同素体があります。リンと聞くと子供の頃の肝試しを想い出します。子供達が集まって夜の墓場まで１人で探検に行く試練をさせられました。中には火の玉を見て、それが後を追ってきたと驚きと恐怖の表情で報告する者もいました。

火の玉は確かに出現したのでしょう。それは黄リンが燃えたためです。この黄リンは60℃以下の低い温度で自然に燃え出し、青白い色を帯び空中にユラユラと浮遊します。黄リンは人体に含有したリンが変化した物質ですが、人を土葬した時代は骨に含有するＰが土壌から地表に出てきたと推定されます。昔は墓場に火の玉がよく出たようですが、現代は遺骸を焼却するためその機会は失われました。通常、黄リンは自然発火しないように水中で保存します。

赤リンはマッチに使用するやや赤い色を帯びたリンです。発火は２６０℃とされています。これを利用して温度計測に利用することができます。対象物の表面にマッチの頭を接触させて発火するかどうかで温度の上下を判別できるので便利です。なお、燃えているタバコの先端は約７００℃と言われています。意外に高い温度ですから、ポイ捨てタバコが火事に到ることは充分あり得ます。

マッチは赤リンの他に酸化剤の塩素酸カリウム（$KClO_4$）を混合して造ります。$KClO_4$は発火の助剤になりますが、水に溶けて流れてしまうため乾燥しても回復できません。マッチを濡らしたら使用ができなくなります。マッチは箱の横に塗りつけているザラザラした面を持つ側薬に擦って始めて発火するように工夫されています。側薬は赤リンと水に難溶の硫化アン

P（リン）

典型元素
非金属元素
P

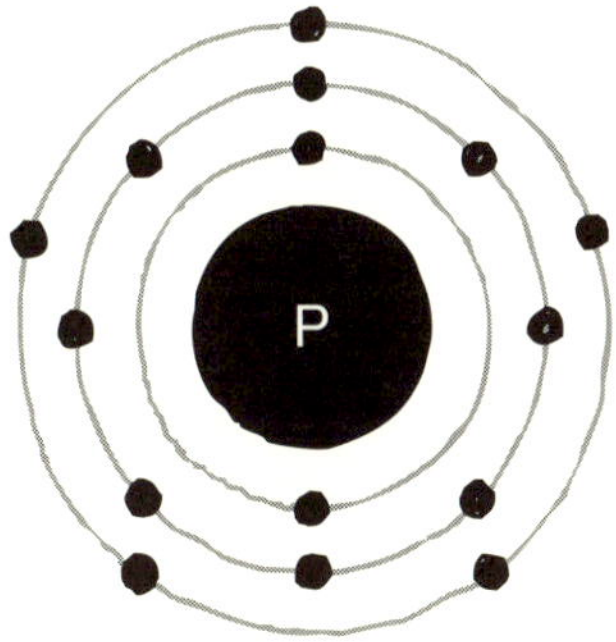

原子番号：15
原　子　量：30.97
密　　度：1.823（黄リン）
融　　点：44.2℃（黄リン）

チモン（Sb_2S_3）の混合物でできています。これは自然な発火を防止するためです。

西部劇のシーンでマッチを靴の底で発火させてタバコを吸う場面があります。このマッチは黄リンを混合した材料で作られ、側薬が不要で、どこにでも擦ると簡単に発火する代物です。マッチは世界中に数多くの種類があります。マッチからその国の一般的な民生用製品の技術力が間接的に理解できます。30年前に旧ソ連を旅した時に使ったマッチは5本目にやっと火が付き、日本の技術との格差や乖離が大きいと感じました。

赤リンを主原料とするマッチは側薬が必要となるため、単独で擦って発火する硫化リン（P_4S_3）マッチは需要があり欧米では市販されています。また水に濡れても安全な防水マッチや、Mg棒を使用したアウトドア専用のメタルマッチもあります。

金属材料としてのPの存在は、鉄あるいは鉄鋼中では多くが不純物扱いです。Pは鉄鉱石中に含有していますから製鋼過程で脱リンしますが、完全に除去していません。純鉄を例に採ると製造方法によりP含有の過多があります。電解鉄は0・005%、カーボニル

墓場に火の玉の出現

鉄は０・01％、アームコ鉄は０・０１５％、錬鉄は０・２３８％です（『機械工学便覧改訂第６版』より）。また、一般の鉄鋼が含有する元素はＣ、Si、Mn、Ｐ、Ｓで、これらを鉄の５元素と称しています。ＪＩＳ規定における機械構造用炭素鋼ではＰは０・０３０％以下です。

Ｐを不純物として取り扱わず、逆に鋼中に多く添加して鋼質を改善することも行っています。たとえば鉄鋼から部品を製造する場合、切削性が良いと生産効率を向上できます。切削工具を上げるため、１つは切削工具を研究開発することです。もう１つは被削材を改良する方法です。Ｐは鉄鋼に含有すると脆性を示しますから、積極的に多く含有して被削性を改良した快削鋼があります。ＪＩＳはこれをＳＵＭ材として規定し、Ｐを０・１％近傍含有しています。なお快削鋼は機械的性質が劣化するため強度が小さい部品に用います。

リンは植物の生育に必要な３大元素の１つであり過リン酸石灰肥料を投与します。また農薬などにも使用してきましたが、赤潮が発生する原因にもなったため代替が進んでいます。

【参考文献】

『金属チタンとその応用』「金属チタンとその応用」編集委員会編　日刊工業新聞社（１９８３）
『アルミニウムのおはなし』小林藤次郎　日本規格協会（１９８５）
『貴金属のはなし』山本博信　技報堂出版（１９９２）
『元素の辞典』馬淵久夫　朝倉書店（１９９４）
『ＪＩＳハンドブック鉄鋼』日本規格協会編　日本規格協会（１９９４）
『機械材料』佐野元　共立出版（１９９６）
『ＪＩＳハンドブック３非鉄』日本規格協会編　日本規格協会（２００２）
『チタンのおはなし』鈴木敏之他　日本規格協会（２００３）
『金属元素が拓く21世紀の新しい化学の世界』伊藤翼　クバプロ（２００４）
『元素を知る事典』村上雅人　海鳴社（２００４）
『図解雑学　金属の科学』徳田昌則他　ナツメ社（２００５）
『ゼロから学ぶ元素の世界』宮村一夫　講談社（２００６）
『図解雑学　元素』富永裕久　ナツメ社（２００６）
『元素大百科事典』渡辺正監訳　朝倉書店（２００７）
『アルミニウム』（社）日本アルミニウム協会　工業調査会（２００７）
『チタン』（社）日本チタン協会　工業調査会（２００７）
『元素がわかる』小野昌弘　技術評論社（２００８）
『図解雑学物理化学のしくみ』斉藤勝裕　ナツメ社（２００８）
『物質科学入門』芥川允元他　朝倉書店（２０００）
『金属物理博物館』藤田英一　アグネ技術センター（２００４）
『元素発見の歴史』大沼正則監訳　朝倉書店（２００８）
『元素の事典』細矢治夫監修　みみずく舎（２００９）
『毒性・中毒用語辞典』杜祖健　化学同人（２００５）
『化学物質毒性ハンドブック』内藤裕史他監訳　丸善（２００３）

●著者略歴
坂本　卓（さかもと　たかし）

1968年　熊本大学大学院修了、同年三井三池製作所入社、鍛造熱処理、機械加工、組立、鋳造の現業部門の課長を経て、東京工機小名浜工場長として出向。復帰後本店営業技術部長。
現在、熊本高等専門学校（旧八代工業高等専門学校）名誉教授、（有）服部エスエスティ取締役、三洋電子㈱技術顧問、（株）タカキフーズ顧問。講演、セミナー講師、経営コンサルティング、木造建築分析、発酵食品開発のコーディネータなどで活動中。
工学博士、技術士（金属部門）、中小企業診断士

主な著書
『おもしろ話で理解する　機械要素入門』2013、『おもしろサイエンス　発酵食品の科学』2012、『ココからはじまる熱処理』2011、『おもしろ話で理解する　金属材料入門』2011、『絵とき　熱処理基礎のきそ』2009、『トコトンやさしい　熱処理の本』2005（以上、日刊工業新聞社）、『熱処理の現場事例』1988（新日本鋳鍛造協会）、『やっぱり木の家』2001（葦書房）など多数。

NDC 436

おもしろサイエンス**元素と金属の科学**

2014年 2月25日 初版1刷発行　　定価はカバーに表示してあります。

©著者　坂本　卓
発行者　井水治博
発行所　日刊工業新聞社　〒103-8548 東京都中央区日本橋小網町14番1号
書籍編集部　電話03-5644-7490
販売・管理部　電話03-5644-7410　FAX 03-5644-7400
URL　http://pub.nikkan.co.jp/
e-mail　info@media.nikkan.co.jp
振替口座　00190-2-186076

印刷・製本　美研プリンティング㈱

2014 Printed in Japan　落丁・乱丁本はお取り替えいたします。
ISBN　978-4-526-07207-9 C3034